Luxury Home Baking **SERIES 06**

특별한 레시피를 원하는 홈베이커들을 위한

CAKE

케이크

제게 베이킹은 사랑이고 따뜻함입니다

"학교 잘 다녀왔니?"
학교를 마치고 동생과 함께 집에 돌아오면 엄마는 밀가루가 묻은 손을 털면서 반겨주셨습니다. 당시 막 냇동생을 품고 계셨기 때문에 몸이 무거우셨을 텐데도 저희를 위해 항상 쿠키를 구워주셨죠. 그런 엄마의 남산만한 배 위에는 소복이 밀가루가 쌓여 있었습니다.

"아가, 짐깐민 나와 보렴."
시댁에 가면 시아버지께서는 제 손에 빵 봉지를 쥐어주시곤 하셨습니다. 빵을 좋아하는 며느리가 혹시 빵이 먹고 싶지는 않을까 하면서 직접 사 오셨었죠. 무뚝뚝해 보이지만 제게는 더 없이 따뜻하신 분이십니다.

제게 있어 베이킹은 엄마의 배 위에 소복이 쌓여있는 밀가루와 같은, 빵을 좋아하는 며느리를 위해 손수 사 오신 빵과 같은 사랑이고 따뜻함입니다.

어렸을 적, 저희 집은 항상 빵 굽는 냄새로 가득한 제과점을 운영했습니다. 새벽기도를 마치고 아빠의 출근시간 전까지 도란도란 이야기를 나누며 빵을 만드시는 부모님의 모습은 평범한 아침 날의 풍경이었습니다. 케이크를 만들고 남은 자투리에 그 귀했던 생크림을 발라 통조림 과일 한 조각과 함께 우리 입에 넣어주셨던 엄마 덕에 베이킹은 제게 또 다른 가족이자 친구가 되었습니다. 하지만 제가 대학에 진학하던 해에 제과점의 문을 닫으면서 엄마는 오랜 시간 함께했던 빵 만들기를 완전히 내려 놓으셨습니다. 막상 엄마가 빵을 굽지 않으니 특별한 기교가 없어도 맛있었던, 심지어 어렸을 때는 좋아하지도 않았던 투박한 빵이 너무나 먹고 싶었습니다.

시간이 흘러 저도 결혼을 하고 아이를 낳아 기르면서, 아이에게 엄마의 빵을 맛보여 주고 싶은 마음에 자연스럽게 베이킹을 시작했습니다. 서툰 솜씨로 하나씩 배우며 쿠키를 굽고 빵을 만들고, 어설프게나마 케이크도 만들었습니다. 처음에는 먹는 것보다 버리는 게 더 많았고, 실수와 실패를 거듭했습니다. 하지만 다시 만들고 또 다시 만들기를 반복하면서 조금씩 내공이 쌓여갔습니다.

그러던 중 처음으로 책 출간 제의를 받게 되었는데, 욕심은 있었지만 전문가도 아닌 내가 어떻게 책을 쓸 수 있겠냐는 생각에 단칼에 거절했습니다. 하지만 한편으로는 내게 온 좋은 기회를 놓친 건 아닌가 하는 아쉬움도 있었습니다.

만약 하나님이 나에게 다시 한 번 기회를 주신다면 놓치지 않겠다고 마음먹었을 때, 마침 시대인 출판사에서 〈케이크〉라는 주제로 책을 써보는 것이 어떻겠냐는 제안이 들어왔습니다. 또다시 망설이던 제게 남편은 "한번 해 봐. 너라면 할 수 있어."라며 힘을 실어 주었습니다. 제가 엄마의 빵과 케이크, 쿠키를 그리워했던 것처럼, 나중에 우리 아이들도 추억을 곱씹으며 제가 만들어주던 케이크를 따라 만들기를 바라는 마음으로 시작할 수 있었습니다.

"엄마, 책에 당근케이크 있어요? 치즈케이크는요? 초코는요? 책이 나오면 100권은 가지고 있어야 할 것 같아요. 나도 가져야 하지만, 내가 아이를 낳으면 줘야하고, 나랑 결혼한 사람 가족들도 줘야하고, 언니도 그럴 거고, 동생도 그럴 거고…. 그러면 100권도 부족할 것 같아요."
이 책은 세상에 나오기 전부터 우리 집 삼남매에게는 벌써 특별한 의미의 책이 되어 있었습니다. 이 책으로 제 아이들도 따뜻한 베이킹을 즐길 수 있겠죠?

홈베이킹은 집에서도 건강하게 빵을 만들어 먹을 수 있다는 장점 때문에 이미 우리 생활에 깊숙이 들어와 있습니다. 또한 비록 서툴지라도 사랑과 정성을 가득 담아, 먹는 사람을 생각하며 만들기 때문에 그 어느 것보다 특별할 수밖에 없습니다. 먹는 이가 기뻐하고, 즐거워한다면 세상에 이보다 더 행복한 일이 또 있을까요? 이 행복을 이미 경험하고, 다음에는 뭘 만들어 볼까 고민하신다면 당신은 이미 진정한 홈베이커입니다.

이 책은 전문가에게는 큰 도움이 되지 못할 수 있지만, 홈베이킹을 처음 시작하는 분에게는 분명 많은 도움이 될 것입니다. 처음 만들 때는 어렵게 느껴지겠지만 하나하나 따라 만들다보면 책에 있는 레시피를 뛰어넘어 보다 다양한 케이크를 구울 수 있는 노하우가 생길 것입니다. 실패를 두려워하지 말고 계속 시도해보셨으면 합니다.

대접하는 즐거움을 경험한 우리는 행복한 홈베이커입니다.
이 책이 행복한 홈베이커들에게 조그마한 도움이 되길 바랍니다.

행복한 홈베이커 umi's 우미

Special thanks to

항상 기도와 응원으로 힘이 되어주시는 시부모님과 우리 엄마, 아빠.
나의 든든한 조력자이자 내 생애 최고의 선물인 남편.
너무나 소중한 내 삶의 활력소인 나의 두 딸과 아들.
지혜를 허락하고 인도해주신 하나님께 이 책을 바칩니다.

CONTENTS

PART 1.   **케이크** CAKE ─────────────────────────────

케이크를 만드는 기본 도구

· 오븐

베이킹을 할 때 반드시 필요한 도구로 시중에 있는 다양한 오븐 중 어떤 오븐을
사용해도 좋습니다. 하지만 너무 작은 크기의 오븐을 사용할 경우 케이크가 부
풀어 오르면서 반죽이 열선에 닿을 수 있기 때문에 적당한 크기의 오븐을 선택
하는 것이 좋습니다. 굽는 온도와 시간은 책에 적혀있는 대로 따르되, 오븐의
사양에 따라 조금씩 차이가 있을 수 있으므로 구움의 정도에 따라 조금씩 가감
하도록 합니다.

· 저울

베이킹의 성공과 실패를 좌우하는 매우 중요한 도구입니다. 성공적인 베이킹을
위해서는 정확한 계량이 필요하기 때문에 1g 단위로 측정 가능한 전자저울이
좋습니다. 저울을 사용할 때는 먼저 볼을 올린 뒤 0점을 맞춘 다음 계량을 시작
하고, 가능하면 레시피에 적혀있는 g을 정확히 맞추는 것이 좋습니다.

· 믹싱볼

반죽을 만드는 데 필요한 도구입니다. 재료를 담고, 섞고, 반죽하고, 중탕하는
등 반죽을 만드는 모든 과정에서 사용되기 때문에 쓰임에 따라 다양한 크기의
믹싱볼을 준비하는 것이 좋습니다. 반죽할 때 볼이 흔들려 불편하다면 믹싱볼
아래에 젖은 행주를 받쳐 고정시키면 훨씬 안정적으로 작업할 수 있습니다.

• 계량컵과 계량스푼

계량컵 : '한 컵'은 200ml를 나타냅니다. 하지만 외국에서는 250ml를 '한 컵'으로 계량하기 때문에 외국 레시피를 참조하실 때는 단위를 꼭 확인해야 합니다.

계량스푼 : 1 테이블스푼은 15ml를 말하며 Tb로 표기하고, 1 티스푼은 5ml를 말하며 Ts 또는 ts로 표기합니다.

• 체

가루 재료나 반죽을 체에 내릴 때 사용합니다. 가루 재료를 체에 내리면 가루 사이사이에 공기가 들어가 반죽과 잘 섞일 수 있고, 혹시 모르는 불순물을 제거할 수도 있습니다. 또한 반죽을 체에 내리면 익은 달걀이나 뭉친 가루 덩어리를 거를 수 있어 보다 부드러운 식감의 케이크를 구울 수 있습니다. 비스퀴나 완성된 케이크에 슈가파우더를 뿌릴 때도 체를 사용하면 균일하게 뿌릴 수 있습니다.

• 고무주걱

반죽을 골고루 섞을 때 사용합니다. 고무주걱은 재료를 섞는 것은 물론 볼에 남아있는 반죽을 깔끔하게 덜어낼 수 있기 때문에 많은 사람들이 애용하는데, 특히 열에 강하고 내구성이 좋은 제품을 사용해야 합니다. 만약 고무가 찢어지거나 떨어져 나갔다면 주걱에 이물질이 껴서 위생상 좋지 않으며, 고무 조각이 제품에 들어갈 수 있으니 바로 폐기해야 합니다.

• 기품기

재료를 섞을 때는 물론 달걀을 풀거나, 버터를 크림화하거나, 생크림을 휘핑할 때 주로 사용합니다. 자주 사용하는 도구이기 때문에 튼튼한 제품을 추천합니다.

• 휘핑기(핸드믹서)

거품기와 비슷한 역할을 하지만 거품기로는 하기 버거운 공정을 할 때 주로 사용합니다. 달걀흰자로 머랭을 올리거나 대용량의 반죽과 버터크림화를 빠르게 할 수 있습니다.

• 온도계

중탕을 하거나, 반죽이나 시럽의 온도를 잴 때 사용합니다. 온도계는 다양한 종류가 있지만, 200℃까지 잴 수 있는 디지털온도계를 사용하는 것이 좋습니다.

• 케이크 틀

반죽을 부어 굽는 케이크 틀입니다. 원형, 사각형, 시폰 틀과 같이 다양한 모양과 미니 사이즈부터 4호까지 다양한 크기가 있으니 원하는 케이크 틀을 선택하면 됩니다. 그중 가장 많이 사용하는 틀은 원형 1호와 2호 케이크 틀이니 가능하면 이 두 가지는 꼭 구비해두는 것이 좋습니다.

* 케이크 틀 사이즈
 미니 = 12cm / 1호 = 15cm / 2호 = 18cm / 3호 = 21cm / 4호 = 24cm

• 무스링

바닥이 없고 테두리만 있는 무스링입니다. 무스케이크를 만들 때 주로 사용하며 케이크의 모양이 흐트러지지 않게 분리할 수 있습니다.

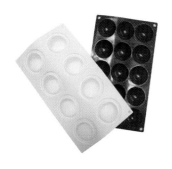

• 실리콘 틀

다양한 모양과 크기로 기존 규격과 다른 색다른 형태의 케이크를 만들 수 있는 실리콘 틀입니다. 원하는 모양을 찾아 굽기만 하면 되고, 실리콘이기 때문에 틀에서 제품을 분리하기도 쉬워 무스케이크를 만들 때 아주 편리합니다.

• 짤주머니와 깍지

반죽을 좁은 공간에 채워 넣거나 모양을 내 데커레이션을 할 때 사용합니다. 짤주머니의 앞부분을 적당히 잘라 원하는 모양의 깍지를 끼운 다음 짤주머니 안에 반죽을 넣어 사용하면 됩니다. 짤주머니 사용법은 20페이지에서 자세히 소개해 드립니다.

• 빵칼

빵을 자를 때 사용하는 전용 칼로, 제누와즈를 얇게 슬라이스할 때 주로 사용합니다. 빵칼은 날이 상하지 않도록 케이크를 자를 때만 사용하는 것이 좋으며, 완성된 케이크를 조각낼 때는 칼날을 따뜻한 물에 담그거나 불에 살짝 데워 따뜻한 상태로 사용하면 깔끔하게 자를 수 있습니다.

• 각봉

제누와즈와 같은 케이크시트를 일정한 높이로 자를 때 사용하는 도구입니다. 제누와즈의 양 옆에 각봉을 두고 그 높이에 맞춰 빵칼로 자르면 균일하게 슬라이스할 수 있습니다.

• 스패츌러

납작하게 생긴 칼 형태의 주걱으로 '팔레트나이프'라고도 불리며 주로 케이크에 아이싱을 하거나 크림이나 반죽을 평평하게 만들 때 사용합니다. 각자의 작업 스타일에 따라 다양한 스패츌러를 선택할 수 있는데, 가능하면 만들고자 하는 케이크보다 조금 긴 사이즈를 선택하는 게 사용하기 편리합니다.

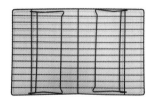

• 식힘망

오븐에서 구운 케이크시트나 쿠키 등을 올려 식히는 도구입니다. 제품의 열기를 식힘은 물론 글라사주 작업 시에도 유용하게 사용할 수 있습니다.

• 돌림판

케이크에 아이싱을 할 때 사용하는 도구로, 케이크를 돌림판 가운데에 올린 다음 한손으로는 돌림판을 돌리고 다른 한손으로는 크림을 펴 바르면 됩니다. 돌림판을 사용하면 균일하고 빠르게 아이싱 작업을 할 수 있습니다.

케이크를 만드는 기본 재료

• 밀가루

케이크를 만드는 가장 기본이자 중요한 재료인 밀가루는 글루텐의 함량에 따라 강력분, 박력분, 중력분으로 나뉩니다. 이 책에서는 글루텐 함량이 낮아 폭신하고 바삭한 식감을 주는 박력분을 주로 사용합니다.

• 버터

우유의 지방을 분리해 만든 유제품으로 풍미와 식감을 높이는 역할을 합니다. 보통 버터는 사용하기 전에 실온에 꺼내두어 말랑한 상태로 사용하는데, 버터 위에 손가락을 올렸을 때 힘을 주지 않아도 가볍게 들어가는 정도면 됩니다. 만약 케이크에 녹인 버터가 사용된다면 중탕을 하거나 전자레인지에 돌려 녹인 뒤 따뜻한 상태로 사용합니다. 버터를 전자레인지로 녹일 경우에는 한 번에 돌리지 말고 20초, 10초, 10초로 끊어서 돌려야 버터가 튀지 않고 깔끔하게 녹일 수 있습니다.

• 달걀

날살은 위씽을 알 내 뭉기글 일나나 닣느나에 띠리 틴틴힌 제품을 민들 수도, 폭신한 제품을 만들 수도 있습니다. 또한 유분과 수분을 모두 가지고 있어 반죽의 재료를 잘 어우러지게 만들기도 합니다. 단, 달걀을 버터에 넣어 섞을 때는 두세 번에 나눠 조금씩 넣고 섞어야 분리되지 않습니다.

• 설탕

설탕은 정제 과정에 따라 백설탕, 황설탕, 흑설탕으로 나뉘는데, 반죽의 단맛을 내는 것은 물론 밀가루의 글루텐 형성을 막아 케이크를 부드럽게 만들어주는 역할을 합니다. 간혹 단맛이 싫어 설탕의 양을 줄이는 경우가 있는데 무턱대고 설탕을 줄이면 오히려 케이크가 퍽퍽해질 수 있으니 주의하도록 합니다.

• 슈가파우더

아주 고운 가루의 순수한 정제 설탕입니다. 입자가 작아 금방 녹기 때문에 수분이 적은 반죽을 만들 때 매우 유용하며, 완성된 제품에 데커레이션용으로도 많이 사용합니다. 100% 순수 설탕인 분당과 전분이 섞인 슈가파우더가 있으며 어느 것을 사용해도 좋습니다.

• 코코아파우더

초콜릿이 들어가는 제품에 넣어 맛과 색을 내기 위해 사용하는 가루로 체에 한 번 내려 사용하는 것이 좋습니다.

• 생크림

반죽에 넣거나 볼에 넣고 휘핑하여 케이크에 아이싱을 하는 등 다양하게 사용됩니다. 생크림은 동물성 생크림과 식물성 생크림이 있는데, 맛과 풍미를 위해서는 동물성 생크림을 사용하는 것이 좋습니다.

• 젤라틴

젤리나 무스를 만들 때 사용하는 응고제입니다. 판 젤라틴과 가루 젤라틴이 있는데 어떤 것을 사용해도 무방합니다. 젤라틴은 사용하기 20분 전에 차가운 물에 넣어 충분히 불린 뒤, 중탕을 한 따뜻한 반죽에 넣고 녹여 사용합니다. 젤라틴을 넣은 제품은 냉장고에 넣어 차갑게 굳혀야 완성됩니다.

• 바닐라페이스트 & 바닐라익스트랙

바닐라빈으로 만들었으며, 밀가루의 풋내나 달걀의 비린내를 잡고 바닐라 향을 내기 위해 사용합니다. 이 제품들은 향이 매우 강하기 때문에 소량만 넣어 사용하도록 합니다.

• 럼(리큐르)

크림이나 시럽 등에 넣어 잡내를 없애고 풍미를 살리기 위해 사용합니다. 과일 향이나 커피 향, 호두 향 등 다양한 종류가 있으므로 베이킹에 맞는 럼을 사용하면 됩니다.

케이크를 만드는 기본 스킬

BASIC 1. 제과 기본법

» 유산지 작업 : 사각 케이크 틀

케이크 틀에 유산지를 까는 방법을 소개합니다. 사각 케이크 틀에 유산지를 깔 때는 틀의 높이에서 3cm 정도 여유를 주고 재단한 다음 겹치는 부분을 잘라주는 것이 중요합니다. 이때 가위집은 겹치는 모서리에서 서로 마주보고 있는 선에 내는 것이 좋습니다.

유산지 위에 사각 케이크 틀을 올리고 틀의 높이에서 3cm 정도 더 여유를 준 다음 자릅니다.

틀의 바닥 넓이에 맞게 사방을 접고, 접었을 때 겹치는 모서리 중 마주보는 위치의 선에 맞춰서 가위집을 내줍니다.

유산지를 케이크 틀에 맞춰 넣고 자른 부분을 겹치면서 정리하면 완성입니다.

» 유산지 작업 : 원형 케이크 틀

원형 케이크 틀에 유산지를 깔 때는 바닥에 깔 원형 유산지 한 장과 테두리에 두를 직사각형 유산지 한 장을 각각 잘라 준비해야 합니다. 이때 테두리에 두를 유산지는 케이크 틀의 높이보다 4cm 정도 여유를 주고 재단한 다음, 가로 1cm에 가위집을 넣어 바닥에 깔아주는 것이 중요합니다.

유산지 위에 원형 케이크 틀을 올리고 펜이나 연필로 바닥면을 따라 그립니다.

가위를 이용해 그린 모양대로 유산지를 자릅니다.

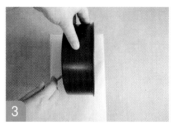

틀의 높이에서 4cm 정도 더 여유를 준 다음 둘레에 맞게 펜으로 표시합니다.

표시한 둘레 만큼 유산지를 자른 다음, 가로를 1cm 정도 접고 가위집을 냅니다.

가위집을 낸 부분이 케이크 틀의 바닥에 오도록 접으며 팬의 가장자리에 둘러줍니다.

그 위에 2번에서 자른 원형 유산지를 깔면 완성입니다.

» 케이크 아이싱

케이크의 마무리 단계라고 할 수 있는 아이싱 방법을 소개합니다. 깔끔하게 마무리한 아이싱은 그 자체만으로도 훌륭한 데커레이션이 될 수 있으므로 충분히 연습하여 익혀두는 것이 좋습니다.

✎ 재료

케이크시트, 시럽, 휘핑한 생크림

1 스패츌러를 잡는 기본자세입니다. 스패츌러의 손잡이를 위에서 움켜쥐듯 손등이 보이게 잡고, 검지로 칼날을 가볍게 누릅니다.

2 돌림판의 가운데에 케이크시트 한 장을 올리고 시럽을 바릅니다.

3 시럽 위에 휘핑한 생크림을 올리고 스패츌러로 펴 바릅니다.

4 생크림 위에 케이크시트 한 장을 더 올립니다. 케이크시트가 한쪽으로 밀리지 않도록 아래쪽 시트와 같은 위치에 올린 뒤, 살포시 눌러 생크림의 자리를 잡습니다.

5 두 번째 케이크시트 위에 시럽을 바르고 생크림을 올린 다음 균일한 두께로 펴 바릅니다.

6 마지막 케이크시트를 올리고 살포시 눌러 생크림의 자리를 잡습니다. 이때 아래쪽의 케이크시트와 동일한 위치에 올리도록 합니다.

7

마지막 케이크시트 위에 생크림을 좀 더 많이 올려 균일한 두께로 펴 바릅니다.

8

위에서 흐른 생크림과 시트 사이에서 나온 생크림을 이용해 옆면을 초벌 아이싱합니다.

9

스패튤러의 끝에 생크림을 살짝 올리고 옆면에 바릅니다. 회전판을 돌리면서 바르면 깔끔하면서도 균일하게 바를 수 있습니다.

10

케이크의 옆면이 깔끔하게 정리되면 위쪽으로 올라온 생크림을 케이크의 가운데로 가볍게 끌어와 정리합니다. 이때 최대한 평평하고 깔끔하게 정리합니다.

11

케이크에 생크림을 깔끔하게 발랐다면 스패튤러를 돌림판 바닥에 붙이고, 돌림판을 돌리면서 바닥의 생크림을 정리하면 완성입니다.

» 짤주머니 사용법

좁은 공간에 반죽이나 크림을 짜 넣거나 데커레이션을 할 때 필요한 짤주머니입니다. 짤주머니 사용법을 잘 익혀두면 다양한 모양의 깍지를 이용해 응용할 수 있으니 잘 알아두도록 합니다.

짤주머니의 끝부분을 깍지가 들어갈 만큼만 살짝 자른 뒤 깍지를 넣어 끼웁니다.

깍지를 넣은 바로 윗부분의 짤주머니를 비튼 다음, 깍지 안쪽으로 밀어 넣습니다.

비커나 큰 컵에 짤주머니를 깍지 부분부터 넣고 입구를 벌려 준비합니다.

짤주머니 안에 내용물(반죽이나 크림 등 사용할 재료)을 적당히 담습니다.

비커나 컵에서 짤주머니를 꺼내 스크래퍼로 내용물을 깍지 쪽으로 밉니다. 스크래퍼로 밀면 2번에서 비튼 부분이 풀리면서 깍지 안쪽까지 내용물이 들어갑니다.

마지막으로 짤주머니를 사용할 때 내용물이 뒤쪽으로 새지 않도록 입구를 비틀어 쥐면 완성입니다.

케이크를 만드는 기본 스킬

BASIC 2. 크림 만들기

» 가나슈

생크림과 초콜릿을 섞어 만든 크림으로, 케이크의 크림이나 데커레이션으로 사용되는 가나슈입니다. 생크림 대신 앙글레즈크림(p.25)을 넣어 만들기도 합니다.

✎ 재료
초콜릿 100g, 생크림 50g

Recipe 1

1 냄비에 생크림을 넣고 냄비 가장자리가 보글거릴 때까지 데웁니다.

2 따뜻하게 데운 생크림을 초콜릿에 붓고 잘 저어 녹이면 완성입니다.

Recipe 2

1 볼에 생크림과 초콜릿을 넣고 중탕으로 녹이면 완성입니다.

» 샹티크림

케이크에 가장 많이 사용되는 크림으로 생크림과 설탕을 10 : 1 비율로 휘핑해 만드는 크림입니다. 생크림케이크의 아이싱이나 데커레이션으로 사용하며, 기본 샹티크림에 가나슈나 과일 퓨레 등을 넣어 다양하게 응용할 수 있습니다.

✎ 재료
생크림 200g, 설탕 20g

1

볼에 생크림과 설탕을 넣습니다.

2

볼을 얼음물이 담긴 그릇 위에 올리고 살짝 기울여 목적에 따라 휘핑하면 완성입니다. 이때 볼 안으로 얼음물이 들어가지 않도록 주의합니다.

* 얼음물이 없다면 생크림을 냉장 보관해 차가운 상태로 휘핑하면 됩니다.

목적에 따른 생크림 휘핑 정도

• 60% 휘핑

거품기를 들었을 때 주르륵 흘러내리는 정도입니다. 주로 무스를 만들 때 활용합니다.

• 80% 휘핑

거품기를 들었을 때 흐르지 않고 가볍게 뭉쳐있는 정도입니다. 주로 케이크의 아이싱을 할 때 활용합니다.

• 90% 휘핑

거품기를 들었을 때 크림의 끝이 뾰족하게 서면서 80%보다 단단하고 힘이 느껴지는 정도입니다. 주로 파티시에크림과 섞어서 활용합니다.

• 오버믹싱

생크림을 과하게 휘핑하면 분리가 일어나는데, 이때는 생크림을 조금 더 추가해 섞으면 다시 사용할 수 있습니다. 오버믹싱된 생크림을 계속 휘핑한다면 버터를 만들 수도 있습니다.

» 파티시에크림(커스터드크림)

우리나라에서는 '커스터드크림'으로 더 잘 알려져있는 파티시에크림입니다. 베이킹에서 가장 기본적인 크림이라고 할 수 있으며 제품에 충전물로 들어가거나 다른 크림과 섞어 사용합니다. 달걀이 들어가서 쉽게 상하기 때문에 필요할 때마다 소량씩 만드는 것이 좋습니다.

 재료

우유 300g, 달걀노른자 3개, 설탕 45g, 박력분 15g, 전분 12g, 바닐라빈페이스트 1ts(바닐라빈 1개)

1 냄비에 우유를 붓고 따뜻하게 데웁니다.

2 다른 볼에 달걀노른자와 설탕을 넣고 휘핑하다가 박력분과 전분을 넣고 잘 섞습니다.

3 달걀노른자 반죽에 1번의 데운 우유를 넣고 섞습니다. 이때 달걀노른자 반죽이 익지 않도록 계속 휘핑하며 섞습니다.

4 반죽을 냄비에 다시 붓고, 바닐라빈 페이스트를 넣은 다음 잘 섞습니다.

5 반죽을 계속 휘핑하면서 중약불에서 졸입니다. 바닥에 눌어붙지 않으며 걸쭉한 느낌이 되면 완성입니다.

6 완성된 파티시에크림은 볼에 담은 다음, 공기와 닿아 표면이 굳지 않도록 랩으로 밀착시켜 완전히 식힙니다. 완전히 식은 파티시에크림은 사용하기 직전에 휘핑기로 무느럽게 풀어서 사용하면 됩니다.

» 디플로마트크림

파티시에크림과 휘핑한 생크림을 섞은 크림으로, 케이크나 타르트 등 많은 베이킹에 두루 사용하는 크림입니다.

✎ 재료

파티시에크림(p.23) 200g, 생크림 200g

1 23페이지를 참고해 만든 파티시에크림을 볼에 넣고 휘핑해 부드럽게 풀어줍니다.

* 뜨거운 상태의 파티시에크림을 사용하면 생크림이 녹기 때문에 반드시 완전히 식힌 크림을 사용하도록 합니다.

2 다른 볼에 생크림을 넣고 단단하게 휘핑합니다.

3 휘핑한 생크림에 파티시에크림을 넣고 크림이 뭉치지 않도록 골고루 섞으면 완성입니다.

» 무슬린크림

파티시에크림과 버터를 섞어 만든 크림입니다. 무슬린크림은 대표적으로 프리지에 케이크에 사용합니다.

✎ 재료

파티시에크림(p.23) 200g, 실온의 무염버터 50g

1 23페이지를 참고해 만든 파티시에크림을 볼에 넣고 휘핑해 부드럽게 풀어줍니다.

* 뜨거운 상태의 파티시에크림을 사용하면 버터가 녹기 때문에 반드시 완전히 식힌 크림을 사용하도록 합니다.

2 미리 실온에 꺼내두어 말랑한 상태의 무염버터를 넣고 휘핑기로 휘핑합니다. 많은 양을 만들 때는 버터를 나눠 넣으며 휘핑해 분리되지 않도록 합니다.

3 버터가 뭉치지 않고 파티시에크림과 완전히 섞이면 완성입니다.

» 앙글레즈크림

달걀노른자와 설탕, 우유를 섞어 끓인 크림으로 파티시에크림과 달리 밀가루(박력분, 중력분)나 전분이 들어가지 않아 상대적으로 묽은 크림입니다. 앙글레즈크림은 주로 바바로와크림, 아이스크림, 무스의 베이스로 사용되며, 버터나 다양한 크림과 함께 섞어 사용하기 때문에 활용도가 매우 높습니다.

 재료

우유 250g, 바닐라빈 1/2개, 달걀노른자 85g, 설탕 60g

냄비에 우유와 바닐라빈을 넣고 냄비 가장자리가 보글거릴 때까지 끓입니다.

다른 볼에 달걀노른자와 설탕을 넣고 섞습니다.

달걀노른자 반죽에 1번의 데운 우유를 조금씩 나눠 넣으면서 섞습니다. 이때 달걀노른자가 익지 않도록 계속 휘핑하며 섞습니다.

반죽을 냄비에 다시 붓고 바닥에 눌어붙지 않도록 저으면서 83℃까지 끓입니다. 85℃가 넘으면 반죽이 익어버리기 때문에 온도조절에 유의하노록 합니다.

만약 온도계가 없다면 주걱을 손가락으로 훑었을 때 자국이 그대로 남아있고, 수프 정도의 묽기가 될 때까지 끓이면 됩니다.

83℃가 된 반죽을 체에 곱게 내리면 완성입니다.

» 바바로와크림

앙글레즈크림에 젤라틴과 휘핑한 생크림을 섞은 크림입니다. 바바로와크림은 과일 퓨레 등을 섞어 다양한 디저트를 만들 수 있는데, 주로 무스나 젤리를 만들 때 사용합니다.

 재료

앙글레즈크림(p.25) 180g, 젤라틴 2g, 생크림 100g

1 젤라틴은 사용하기 전에 미리 찬물에 담가 불려둡니다.

2 25페이지를 참고해 만든 따뜻한 상태의 앙글레즈크림에 1번의 불린 젤라틴을 넣고 녹인 뒤 식힙니다.

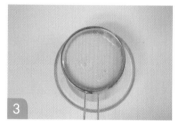

3 2번의 반죽을 체에 곱게 내려 녹지 않은 젤라틴 덩어리를 걸러냅니다.

4 다른 볼에 생크림을 넣고 휘핑합니다.

5 휘핑한 생크림에 3번에서 체에 내린 앙글레즈크림+젤라틴을 넣고 분리되지 않도록 골고루 섞으면 완성입니다.

» 파타봄브

달걀노른자에 끓인 시럽을 넣고 휘핑해 만든 크림입니다. 파타봄브에
버터를 추가해서 버터크림을 만들기도 하고 무스를 만들 때 사용하기
도 합니다.

 재료

물 30g, 설탕 120g, 달걀노른자 70g

냄비에 물과 설탕을 넣고 끓여 시럽
을 만듭니다.

시럽을 끓이는 동안 다른 볼에 달걀
노른자를 넣고 휘핑합니다.

1번의 시럽이 118~120℃까지 끓으
면 불에서 내립니다.

달걀노른자를 휘핑하면서 끓인 시
럽을 천천히 붓습니다. 이때 달걀이
익지 않도록 주의하며, 크림이 식을
때까지 계속 휘핑하면 완성입니다.

케이크를 만드는 기본 스킬

BASIC 3. 시트 만들기

» 제누와즈

케이크를 만들 때 가장 기본적으로 사용하는 시트인 제누와즈입니다.
제누와즈를 잘 활용하면 케이크를 다양하게 만들 수 있습니다.

분량
2호 원형 케이크 틀(18cm)

오븐
180℃ 25분

재료
달걀 200g, 설탕 95g, 박력분 110g, 버터 23g, 우유 32g, 바닐
라익스트랙 1ts

볼에 달걀을 넣고 설탕을 세 번에
나눠 넣으면서 휘핑합니다.

휘핑기를 들었을 때 떨어진 반죽의
자국이 5초 이상 남아 있도록 충분
히 휘핑합니다.

반죽이 잘 섞이면 휘핑기를 최저속
도로 낮추고 1분 정도 천천히 돌리
면서 반죽의 큰 기포를 정리합니다.

4 박력분을 체에 내려 넣고, 날가루가 보이지 않도록 주걱으로 가볍게 섞습니다.

5 작은 볼에 버터와 우유를 넣고 중탕을 하거나 전자레인지에 돌려 녹인 다음, 바닐라익스트랙을 넣고 섞습니다.

6 4번 반죽에서 버터+우유의 2배 정도 되는 양의 반죽을 5번에 덜어 넣고 분리되지 않도록 잘 섞어 희생반죽을 만듭니다.

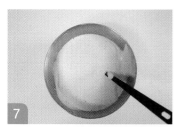

7 희생반죽을 본반죽에 다시 붓고 골고루 섞습니다.

8 유산지를 깐 케이크 틀에 7번의 반죽을 붓고 바닥에 가볍게 두 번 정도 내려쳐 반죽 사이의 큰 기포들을 정리한 다음, 180℃로 예열한 오븐에서 25분간 굽습니다.

9 오븐에 구운 제누와즈는 꺼내자마자 바닥에 한 번 가볍게 내려쳐 시트 안의 열기를 빼고, 뒤집어서 완전히 식히면 완성입니다.

» 시폰케이크

시폰케이크의 기본 시트입니다. 기본 시트에 아이싱만 해도 훌륭한 시폰케이크를 완성할 수 있으며, 반죽에 얼그레이나 호두 등을 넣어 다양하게 응용할 수도 있습니다.

📥 분량

2호 시폰 틀(18cm)

🖥 오븐

175℃ 30분

🥄 재료

달걀흰자 135g, 설탕A 60g, 달걀노른자 65g, 설탕B 30g, 물 40g, 포도씨유 30g, 바닐라익스트랙 1ts, 박력분 60g, 전분 10g

1 볼에 달걀흰자를 넣고 하얀 거품이 생길 때까지 휘핑하다가 설탕A를 세 번에 나눠 넣으며 휘핑해 단단한 머랭을 만듭니다.

2 다른 볼에 달걀노른자와 설탕B를 넣고 뽀얀 색이 될 때까지 휘핑합니다.

3 달걀노른자 반죽에 물과 포도씨유, 바닐라익스트랙을 넣고 잘 섞습니다.

4

박력분과 전분을 체에 내려 넣고, 날가루가 보이지 않고 덩어리가 없어질 때까지 골고루 섞습니다.

5

4번의 반죽에 1번의 머랭을 세 번에 나눠 넣으며 섞습니다. 이때 머랭이 꺼지지 않도록 주의하면서 살살 섞습니다.

6

시폰 틀에 분무기를 사용하여 골고루 물을 뿌립니다. 물이 고여 있거나 흐르지 않도록 주의하고, 고여 있는 물은 틀을 뒤집어서 빼줍니다.

7

틀에 5번의 반죽을 붓고 꼬챙이를 이용해 지그재그로 저으며 반죽 속의 공기를 제거한 다음, 175℃로 예열한 오븐에서 30분간 굽습니다.

8

다 구운 시폰케이크는 오븐에서 꺼내자마자 뒤집어서 완전히 식힙니다.

9

완전히 식은 시폰케이크는 시폰 칼이나 가는 스패츌러 등으로 가장자리를 분리해 꺼내면 완성입니다.

» 비스퀴 조콩드

아몬드가 들어가 고소하고 얇은 케이크시트인 비스퀴 조콩드입니다. 다양한 케이크에 사용되지만 대표적으로는 오페라 케이크를 꼽을 수 있습니다.

 오븐

190℃ 10분

재료

아몬드가루 100g, 슈가파우더 100g, 달걀 150g, 박력분 20g, 달걀흰자 100g, 설탕 15g

1 볼에 아몬드가루와 슈가파우더를 체에 내려 넣고, 달걀을 넣어 반죽이 뽀얗게 되도록 휘핑기로 휘핑합니다.

2 뽀얗게 휘핑한 반죽에 박력분을 체에 내려 넣고 날가루가 보이지 않도록 섞습니다.

3 다른 볼에 달걀흰자를 넣고 설탕을 세 번에 나눠 넣으며 휘핑해 단단한 머랭을 만듭니다.

4 2번 반죽에 3번의 머랭을 세 번에 나눠 넣으며 분리되지 않도록 섞습니다. 이때 머랭이 꺼지지 않도록 주의합니다.

5 오븐 팬에 테프론시트를 깔고 반죽을 부어 스패츌러를 이용해 균일한 두께로 팬닝한 다음, 190℃로 예열한 오븐에서 10분간 구워 완전히 식힙니다.

6 완전히 식은 비스퀴 조콩드를 원하는 모양으로 잘라 사용하면 완성입니다.

» 비스퀴 아라퀴이예르

머랭으로 만들어 부드러운 식감의 비스퀴로, 대표적으로는 샤를로프와 티라미수 등에 사용됩니다.

 오븐
190℃ 10분

🥄 재료
달걀흰자 75g, 설탕 60g, 달걀노른자 40g, 바닐라익스트랙 1/2ts, 박력분 50g, 전분 10g, 슈가파우더

1 볼에 달걀흰자를 넣고 설탕을 세 번에 나눠 넣으며 휘핑해 단단한 머랭을 만듭니다.

2 달걀노른자를 넣고 휘핑기로 골고루 섞다가 바닐라익스트랙을 넣고 섞습니다.

3 박력분과 전분을 체에 내려 넣고, 날가루가 보이지 않도록 섞습니다.

4 짤주머니에 1cm 원형 깍지를 끼운 다음 반죽을 담습니다.

5 오븐 팬에 테프론시트를 깔고 짤주머니를 이용해 반죽을 원하는 모양과 크기로 짭니다.

6 반죽 위에 슈가파우더를 체에 내려 뿌리고, 반죽에 슈가파우더가 흡수되면 다시 한 번 더 뿌린 다음 190℃로 예열한 오븐에서 10분간 구우면 완성입니다.

케이크를 만드는 기본 스킬

BASIC 4. 알아두면 유용한 충전물

» 시럽

케이크를 만들 때 시트를 촉촉하게 하기 위해 바르는 시럽입니다. 아이싱을 하기 전에 베이킹 전용 붓으로 제누와즈에 바르면 되는데, 만드는 케이크의 종류에 따라서 리큐르를 첨가해 시럽에 향을 내기도 합니다.

 재료
물 100g, 설탕 50g, 꼬앵도르(럼주, 리큐르) 1ts

1 냄비에 물과 설탕을 넣고 설탕이 완전히 녹을 때까지 끓입니다.

2 설탕이 녹은 시럽을 불에서 내린 다음 40℃까지 식히고, 꼬앵도르(럼주, 리큐르)를 넣고 섞으면 완성입니다.

* 소량의 시럽을 만들 때는 뜨거운 물에 설탕을 넣고 녹여서 사용해도 좋습니다.

» 보늬밤(밤조림)

밤의 겉껍질을 벗겨 설탕 시럽에 조린 보늬밤입니다. 보늬밤은 베이킹에 다양하게 사용되는 재료 중 하나인데 특히 몽블랑이나 마롱케이크 등의 디저트에 많이 사용됩니다.

재료
밤 1kg, 베이킹소다 1Tb, 물 1kg, 흑설탕 250g, 백설탕 250g

1 알밤의 딱딱한 겉껍질을 벗깁니다. 껍질이 쉽게 벗겨지지 않는다면 밤에 뜨거운 물을 붓고 30분 정도 불린 다음 벗기도록 합니다.

2 냄비에 밤을 넣고 밤이 잠길 정도로 물을 부은 다음 베이킹소다를 넣어 한소끔 끓입니다. 그다음 불을 줄여 10분 정도 더 끓입니다.

3 끓인 물은 버리고 밤만 골라내어 흐르는 물에 깨끗하게 씻습니다.

4 냄비에 다시 밤을 넣고 밤이 잠길 만큼 물을 부어 10분간 끓인 뒤 물을 버립니다. 이 과정을 두 번 반복합니다.

5 삶은 밤을 깨끗하게 헹군 다음 꼬치를 사용해서 밤 사이사이에 있는 두꺼운 심을 제거합니다.

6 손질한 밤을 다시 냄비에 넣고 분량의 물과 흑설탕, 백설탕을 넣어 40분간 조리면 완성입니다. 완성된 보늬밤은 시럽과 함께 소독한 용기에 넣어 보관합니다.

» 블루베리퓨레

퓨레는 무스나 케이크 등에 주로 사용되어 과일 맛을 내는 천연재료입니다. 잼이나 콩포트를 갈아서 사용해도 좋지만, 퓨레가 더 단맛이 적고 수분이 많아 다양하게 활용할 수 있습니다. 여기서는 블루베리를 사용해 퓨레를 만들었지만 라즈베리나 망고 등을 사용해 만들어도 좋습니다.

* 콩포트 : 과일을 설탕에 조려서 따뜻하거나 차갑게 먹는 프랑스의 전통 디저트로 우리나라의 잼과 유사합니다.

 재료
　　냉동 블루베리 200g, 설탕 40g

1 냄비에 냉동 블루베리와 설탕을 넣고 약불로 끓입니다.

2 설탕이 모두 녹고, 블루베리가 쭈글쭈글해지면서 탄력을 잃을 때까지 끓입니다.

3 2번의 블루베리+설탕을 푸드 프로세서나 핸드믹서로 곱게 갈아줍니다.

4 곱게 간 블루베리+설탕을 체에 내리면 완성입니다.

* 퓨레는 설탕이 많이 들어가지 않기 때문에 만든 직후 바로 사용하거나 얼려서 사용합니다.

PART 01

CAKE
케이크

당근 케이크

많은 사람들에게 사랑받는 디저트 중 하나인 당근 케이크입니다. 당근으로 만든 케이크라고 하면 대부분 맛이 없을 것이라 생각하지만, 막상 한 입 먹어보면 당근 맛이 거의 없어 부담 없이 드실 수 있습니다. 은은한 시나몬 향과 크림치즈 프로스팅을 곁들여 먹는 당근 케이크는 뒤돌아서면 자꾸 생각나는 중독성 있는 케이크입니다.

🥛 분량
2호 케이크 틀(18cm)

📟 오븐
180℃ 45분

🧷 재료
- **당근 케이크시트**
  당근 125g, 피칸(호두) 35g, 달걀 2개, 설탕 130g, 소금 1g, 박력분 165g, 베이킹소다 3g, 베이킹파우더 2g, 시나몬가루 1ts, 포도씨유 70g
- **크림치즈 프로스팅**
  무염버터 50g, 크림치즈 300g, 슈가파우더 95g, 생크림 50g

🍳 미리 준비하기
- 오븐은 180℃로 예열합니다.
- 케이크 틀에 유산지 까는 방법은 17페이지를 참고합니다.
- 크림치즈 프로스팅에 들어가는 무염버터와 크림치즈는 미리 꺼내 실온의 말랑한 상태로 만듭니다.
- 케이크에 아이싱하는 방법은 18페이지를 참고합니다.

How To Make

1. 당근을 깨끗이 씻은 다음 채칼로 갈아 준비합니다. 칼을 사용할 경우 작게 다지거나 채썰어둡니다.

2. 피칸도 잘게 다져서 준비합니다. 피칸의 크기가 크면 케이크를 자를 때 시트가 부서지기 쉽습니다.

3. 볼에 달걀과 설탕, 소금을 넣고 거품기로 섞습니다.

4. 박력분과 베이킹소다, 베이킹파우더, 시나몬가루를 모두 체에 내려 넣고 날가루가 보이지 않도록
   골고루 섞습니다.

5. 날가루가 보이지 않으면 포도씨유를 세 번에 나눠 넣으며 섞습니다. 조금씩 나눠 넣으면서 섞어야
   반죽과 포도씨유가 분리되지 않습니다.

6. 1번과 2번에서 준비한 당근과 피칸을 넣고 골고루 섞습니다.

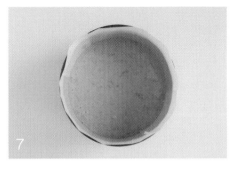

크림치즈 프로스팅

아이싱&데커레이션

7. 미리 유산지를 깔아둔 팬에 반죽을 붓고 바닥에 가볍게 두 번 내리쳐 반죽 안에 있는 공기를 뺀 다음, 180℃로 예열한 오븐에서 45분간 구워 당근 케이크시트를 만들고 식혀둡니다.

8. 볼에 실온의 말랑한 무염버터를 넣고 휘핑해 부드러운 크림 형태로 만듭니다.

9. 풀어둔 무염버터에 크림치즈를 넣고 휘핑합니다.

10. 슈가파우더를 넣고 날가루가 보이지 않도록 잘 섞습니다,

11. 생크림을 넣고 골고루 섞어 크림치즈 프로스팅을 만듭니다.

12. 7번에서 충분히 식힌 당근 케이크를 일정한 두께로 3등분합니다.

13. 케이크 돌림판에 당근 케이크시트 한 장을 올리고 11번의 크림치즈 프로스팅을 바른 다음 케이크 시트 한 장을 더 올립니다. 이 과정을 한 번 더 반복해 3단으로 만들고 전체적으로 아이싱합니다.

14. 슬라이스 후 남은 케이크시트의 자투리를 체에 내려 가루로 만듭니다.

15. 케이크시트 가루로 케이크의 가장자리를 장식하면 당근 케이크가 완성됩니다.

SWEET POTATO CAKE

고구마 케이크

고구마 케이크는 입안에 고구마 향이 은은하게 퍼지는 것이 매력적인 부드럽고 달콤한 케이크입니다. 고구마 특유의 팁팁함을 없애고 달콤한 맛을 살리면 남녀노소 불문하고 모두가 맛있게 즐길 수 있습니다.

분량
2호 케이크 틀(18cm)

재료

- **제누와즈**
  달걀 210g, 설탕 80g, 꿀 15g, 박력분 100g, 무염버터 24g, 우유 32g
- **파티시에크림(p.23)**
  우유 200g, 달걀노른자 37g, 설탕 50g, 박력분 10g, 전분 8g, 바닐라빈페이스트 1/2ts
- **고구마무스**
  찐 고구마 450g, 무염버터 20g, 꿀 2Tb, 럼주 1ts, 생크림 50g, 파티시에크림
- **시럽**
  뜨거운 물 100g, 설탕 50g, 럼주 1ts
- **샹티크림**
  생크림 200g, 설탕 20g

오븐
180℃ 25분

미리 준비하기

- 오븐은 180℃로 예열합니다.
- 케이크 틀에 유산지 까는 방법은 17페이지를 참고합니다.
- 고구마는 삶거나 쪄서 준비합니다.
- 제누와즈에 들어가는 무염버터는 녹인 다음 우유와 함께 섞어 한 볼에 준비합니다.
- 파티시에크림은 23페이지를 참고해 미리 만들어 둡니다.
- 고구마무스에 들어가는 무염버터는 실온에 1시간 이상 보관하여 말랑한 포마드 상태로 준비합니다.
- 케이크에 아이싱하는 방법은 18페이지를 참고합니다.

How To Make

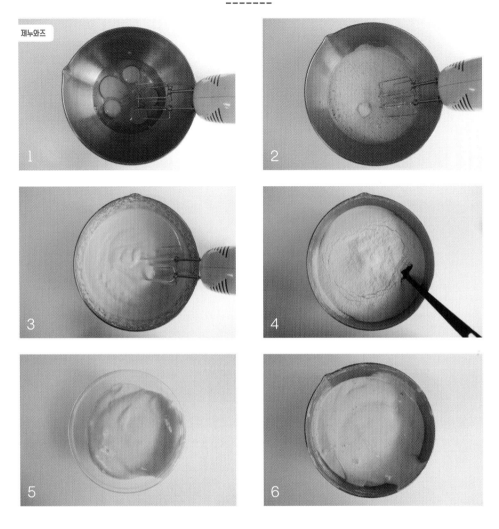

1. 볼에 달걀을 넣고 휘핑기로 가볍게 풀어줍니다.

2. 달걀에 설탕을 세 번에 나눠 넣으며 휘핑합니다. 이때 꿀도 함께 넣어서 휘핑합니다.

3. 휘핑기를 들었을 때 떨어진 반죽의 자국이 남았다가 5초 뒤에 사라질 정도로 휘핑한 후, 1분간 저속으로 휘핑해 기포를 정리합니다.

4. 반죽에 박력분을 체에 내려 넣고 날가루가 보이지 않도록 살살 섞습니다.

5. 미리 준비해둔 무염버터+우유에 4번의 반죽을 약간 넣고 분리되지 않도록 섞어 희생반죽을 만듭니다.

6. 희생반죽을 본반죽에 다시 붓고 분리되지 않도록 잘 섞습니다.

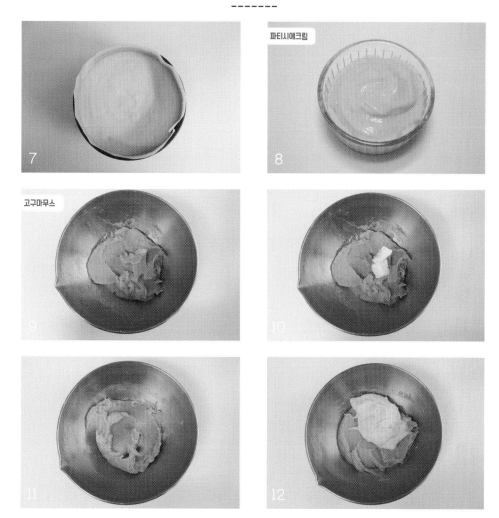

7. 미리 유산지를 깔아둔 팬에 반죽을 붓고 바닥에 가볍게 두 번 내리쳐 반죽 안에 있는 공기를 뺀 다음, 180℃로 예열한 오븐에서 25분간 구워 제누와즈를 만들고 식혀둡니다.

8. 가이드의 23페이지를 참고해 파티시에 크림을 만듭니다.

9. 삶거나 찐 고구마를 뜨거운 상태 그대로 볼에 넣고 으깹니다. 으깬 고구마는 체에 곱게 내립니다.

10. 으깬 고구마에 실온의 말랑한 무염버터를 넣고 잘 섞습니다

11. 꿀과 럼주를 넣고 잘 섞습니다. 꿀은 2Tb을 기준으로 달달한 고구마라면 양을 줄이고, 달지 않은 고구마라면 조금 더 넣어도 좋습니다.

12. 8번에서 미리 만들어둔 파티시에크림을 넣고 고구마와 크림이 분리되지 않도록 골고루 섞습니다.

시럽

아이싱

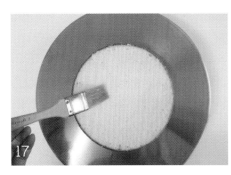

13. 다른 볼에 생크림을 넣고 60%로 휘핑합니다.

14. 12번의 고구마 반죽에 휘핑한 생크림을 넣고 골고루 섞어 고구마무스를 만듭니다.

15. 작은 볼에 뜨거운 물을 넣고 설탕을 넣어 먼저 녹인 다음 40℃까지 식히고, 럼주를 섞어 시럽을 만듭니다.

16. 7번에서 충분히 식힌 제누와즈를 일정한 두께로 3등분합니다.

17. 케이크 돌림판 위에 슬라이스한 제누와즈 한 장을 올리고 15번의 시럽을 촉촉하게 바릅니다.

18. 시럽 위에 14번의 고구마무스를 올려 펴바릅니다. 그 위에 제누와즈 한 장을 또 올리고 시럽과 고구마무스를 올린 다음 남은 제누와즈로 덮습니다.

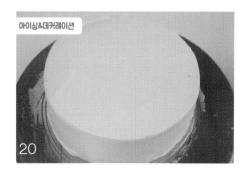

19. 다른 볼에 생크림과 설탕을 넣고 휘핑해 샹티크림을 만듭니다.

20. 18번의 케이크를 샹티크림으로 아이싱합니다.

21. 슬라이스를 하고 남은 제누와즈를 체에 내려 가루로 만든 다음 샹티크림과 함께 데커레이션하면
    고구마 케이크가 완성됩니다.

BANANA CHOCOLAT CAKE

바나나 쇼콜라 케이크

부드러운 단맛의 바나나와 풍미 깊은 단맛의 초콜릿으로 만든 바나나 쇼콜라
케이크는 자꾸만 먹고 싶어지는 마성의 케이크입니다. 다크초콜릿으로 만들
어 더욱 진한 초콜릿 맛을 느낄 수 있으며 단맛을 좋아하지 않는 분들도 부담
없이 즐길 수 있습니다.

분량

2호 케이크 틀(18cm)

오븐

180℃ 35분

재료

- **초코 제누와즈**
  달걀 220g, 설탕 110g, 박력분 80g, 코코아파우
  더 15g, 무염버터 25g, 우유 32g
- **초코크림**
  다크초콜릿 100g, 생크림A 50g, 생크림B 400g,
  설탕 40g
- **가나슈**
  다크초콜릿 40g, 생크림 20g
- **시럽**
  뜨거운 물 100g, 설탕 50g, 럼주 1ts
- **충전물&데커레이션**
  바나나 3개

미리 준비하기

- 오븐은 180℃로 예열합니다.
- 케이크 틀에 유산지 까는 방법은 17페이지를 참
  고합니다.
- 바나나는 케이크에 넣기 좋은 크기로 썰어서 준
  비합니다.
- 케이크에 아이싱하는 방법은 18페이지를 참고합
  니다.

How To Make

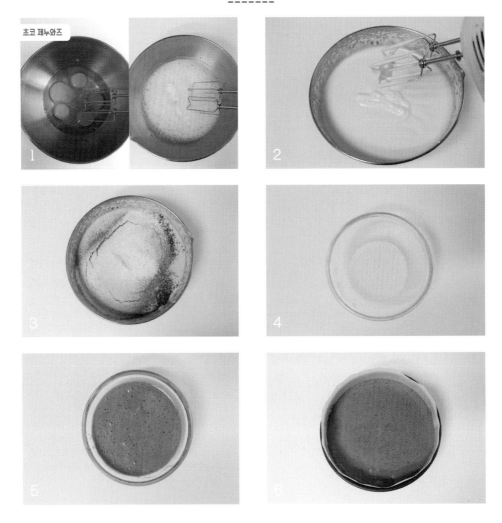

1. 볼에 달걀을 넣고 풀다가 설탕을 세 번에 나눠 넣으며 휘핑합니다.

2. 휘핑기를 들었을 때 떨어진 반죽의 자국이 남았다가 5초 뒤에 사라질 정도로 휘핑한 뒤, 1분간 저속으로 휘핑해 기포를 정리합니다.

3. 박력분과 코코아파우더를 체에 내려 넣고 날가루가 보이지 않도록 주걱으로 잘 섞습니다.

4. 다른 볼에 무염버터와 우유를 넣고 중탕 또는 전자레인지를 이용하여 버터를 녹입니다.

5. 무염버터+우유에 3번의 반죽을 약간 넣고 분리되지 않도록 섞어 희생반죽을 만듭니다.

6. 희생반죽을 본반죽에 넣고 섞은 다음, 미리 유산지를 깔아둔 팬에 붓고 바닥에 가볍게 두 번 내리쳐 반죽 안의 공기를 뺍니다. 그다음 180℃로 예열한 오븐에서 35분간 구워 초코 제누와즈를 만들고 식혀둡니다.

7. 다크초콜릿에 생크림A를 넣고 중탕 또는 전자레인지를 이용해서 녹입니다.

8. 다른 볼에 생크림B와 설탕을 넣고 80%로 휘핑합니다.

9. 휘핑한 생크림에 7번의 녹인 초콜릿을 넣고 잘 섞어 초코크림을 만듭니다.

10. 생크림을 전자레인지로 데운 다음 다크초콜릿을 넣어 녹이거나, 초콜릿과 생크림을 볼에 넣고 중탕으로 녹여 가나슈를 만듭니다.

11. 작은 볼에 뜨거운 물과 설탕을 넣고 잘 섞어 녹인 다음 40℃까지 식힌 후 럼주를 섞어 시럽을 만듭니다.

12. 6번에서 충분히 식힌 제누와즈를 일정한 두께로 3등분합니다.

13. 케이크 돌림판 위에 슬라이스한 초코 제누와즈 한 장을 올리고 11번의 시럽을 촉촉하게 바릅니다.

14. 그 위에 9번의 초코크림을 바르고 적당한 크기로 썬 바나나를 올립니다.

15. 초코크림을 바나나 사이사이에 채워 넣으며 평평하게 만듭니다. 13~15번 과정을 한 번 더 반복하여 제누와즈를 층층이 올려줍니다.

16. 마지막 제누와즈를 올리고 초코크림을 이용해 전체적으로 아이싱한 후, 10번의 가나슈를 짤주머니에 넣어 케이크 가장자리에 흘러내리듯 짜줍니다.

17. 케이크의 윗면을 바나나와 초코크림을 사용하여 데커레이션하면 바나나 쇼콜라 케이크가 완성됩니다.

GÂTEAU AU CHOCOLAT

가토 오 쇼콜라

'가토'는 케이크, '쇼콜라'는 초콜릿이라는 뜻으로 초코케이크라는 의미의 가
토 오 쇼콜라는 열이 식으면서 중앙과 옆이 가라앉아 투박한 모양이지만, 보
기와는 다르게 더없이 진한 초콜릿 맛과 촉촉한 부드러움이 매력적인 케이크
입니다.

🥛 분량
1호 케이크 틀(15cm)

📺 오븐
170℃ 30분

🥄 재료
- **가토 오 쇼콜라**
  다크초콜릿 80g, 무염버터 40g, 달걀노른자
  45g, 생크림 50g, 박력분 30g, 코코아파우더
  20g, 달걀흰자 75g, 설탕 70g
- **데커레이션**
  슈가파우더

👨‍🍳 미리 준비하기
- 오븐은 170℃로 예열합니다.
- 케이크 틀에 유산지 까는 방법은 17페이지를 참
  고합니다.

How To Make

1. 볼에 다크초콜릿과 무염버터를 넣어 중탕으로 녹이고 잠시 식힙니다.

2. 식은 초콜릿+무염버터에 달걀노른자를 넣어 잘 섞습니다.

3. 생크림을 넣고 분리되지 않도록 완전히 섞습니다.

4. 박력분과 코코아파우더를 체에 내려 넣고, 날가루가 보이지 않도록 섞습니다.

5. 다른 볼에 달걀흰자를 넣고 설탕을 세 번에 나눠 넣으며 휘핑하여 단단한 머랭을 만듭니다.

6. 4번의 반죽에 머랭을 세 번에 나눠 넣으며 골고루 섞습니다. 이때 머랭의 거품이 꺼지지 않도록
   주의합니다.

How To Make

데커레이션

7. 미리 유산지를 깔아둔 팬에 반죽을 붓고 윗면을 평평하게 만든 다음, 바닥에 가볍게 두 번 내리쳐 반죽 안의 공기를 뺍니다.

8. 반죽을 170℃로 예열한 오븐에서 30분간 구운 다음 식힙니다. 오븐에서 나올 때는 윗면이 부풀어 빵빵한 상태지만 식으면서 주저앉습니다.

9. 충분히 식힌 케이크에 슈가파우더를 골고루 뿌리면 가토 오 쇼콜라가 완성됩니다.

STRAWBERRY
WHIPPED-CREAM CAKE

딸기 생크림 케이크

누구나 부담 없이 즐길 수 있는 딸기 생크림 케이크입니다. 케이크시트 사이
사이에 딸기와 생크림이 들어있어서 과일 본연의 맛과 부드러운 생크림을 함
께 즐길 수 있습니다. 딸기 대신 청포도나 키위 등 각자의 취향에 따라 다양
한 과일을 넣어 만들어도 좋습니다.

분량
2호 케이크 틀(18cm)

오븐
180℃ 25분

재료

- **제누와즈**
  달걀 200g, 설탕 95g, 박력분 110g, 무염버터
  23g, 우유 32g, 바닐라익스트랙 1ts
- **샹티크림**
  생크림 400g, 설탕 40g
- **시럽**
  뜨거운 물 100g, 설탕 50g, 럼주 1ts
- **충전물&데커레이션**
  딸기

미리준비하기

- 오븐은 180℃로 예열합니다.
- 케이크 틀에 유산지 까는 방법은 17페이지를 참
  고합니다.
- 제누와즈에 들어가는 무염버터는 녹인 다음 우유
  와 함께 섞어 한 볼에 준비합니다.
- 충전용 딸기는 가로로, 데커레이션용 딸기는
  세로로 잘라 준비합니다.
- 케이크에 아이싱하는 방법은 18페이지를 참고합
  니다.

How To Make

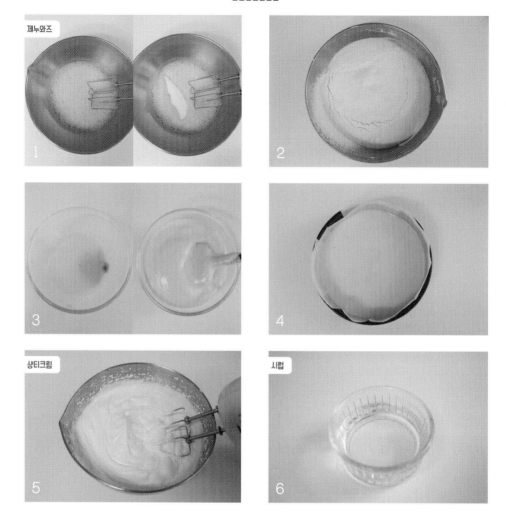

1. 볼에 달걀을 넣고 풀다가 설탕을 세 번에 나눠 넣으며 휘핑합니다.

2. 박력분을 체에 내려 넣고 날가루가 보이지 않도록 가볍게 섞습니다.

3. 미리 녹인 무염버터+우유에 바닐라익스트랙을 넣고 섞다가, 2번의 반죽을 약간 넣고 분리되지
   않도록 잘 섞어 희생반죽을 만듭니다.

4. 희생반죽을 본반죽에 넣고 잘 섞은 다음, 유산지를 깔아둔 팬에 붓고 바닥에 가볍게 두 번 내리쳐 반죽
   안에 있는 공기를 뺍니다. 그다음 180℃로 예열한 오븐에서 25분간 구워 제누와즈를 만들고 식혀둡니다.

5. 볼에 생크림과 설탕을 넣고 휘핑기를 들었을 때 뿔이 부드럽게 휘어지도록 80%로 휘핑해 샹티크
   림을 만듭니다.

6. 작은 볼에 뜨거운 물과 설탕을 넣고 잘 섞어 녹인 다음 40℃까지 식힌 후 럼주를 섞어 시럽을 만듭니다.

7. 4번에서 충분히 식힌 제누와즈를 일정한 두께로 3등분합니다.

8. 케이크 돌림판 위에 슬라이스한 제누와즈 한 장을 올리고 6번의 시럽을 촉촉하게 바릅니다.

9. 그 위에 5번의 샹티크림을 바르고 가로로 자른 충전용 딸기를 올립니다.

10. 딸기 위에 다시 샹티크림을 올려 빈곳이 없도록 딸기 사이사이에 채워 넣습니다.

11. 샹티크림 위에 제누와즈 한 장을 올리고 8~10번 과정은 한 번 더 반복합니다. 마지막 제누와즈를 올린 다음 시럽을 바르고 남은 샹티크림을 사용해 전체적으로 아이싱합니다.

12. 아이싱을 마친 케이크 위에 세로로 자른 딸기를 올려 데커레이션하면 딸기 생크림 케이크가 완성됩니다.

FORÊT NOIRE

포레누아

초콜릿코포를 케이크에 올린 모습이 마치 검은 숲 같다고 하여 이름 붙여진
이 케이크는 '포레누아' 또는 '블랙포레스트'라고 불립니다. 체리와 다크초콜
릿, 샹티크림이 어우러져 많은 분들에게 사랑받는 케이크입니다.

📏 분량
2호 케이크 틀(18cm)

📟 오븐
180℃ 30분

✏️ 재료

- **초코 제누와즈**
  달걀 220g, 설탕 110g, 박력분 80g, 코코아파우
  더 12g, 무염버터 25g, 우유 30g
- **체리시럽**
  다크체리통조림 시럽 100g, 설탕 40g, 물 40g
- **가나슈크림**
  달걀노른자 30g, 설탕 30g, 우유 150g, 다크초
  콜릿 75g
- **샹티크림**
  생크림 400g, 설탕 40g
- **충전물&데커레이션**
  다크체리통조림, 초콜릿코포

🍳 미리 준비하기

- 오븐은 180℃로 예열합니다.
- 케이크 틀에 유산지 까는 방법은 17페이지를 참
  고합니다.
- 초코 제누와즈에 들어가는 무염버터는 녹인 다음
  우유와 함께 섞어 한 볼에 준비합니다.
- 케이크에 아이싱하는 방법은 18페이지를 참고합
  니다.

How To Make

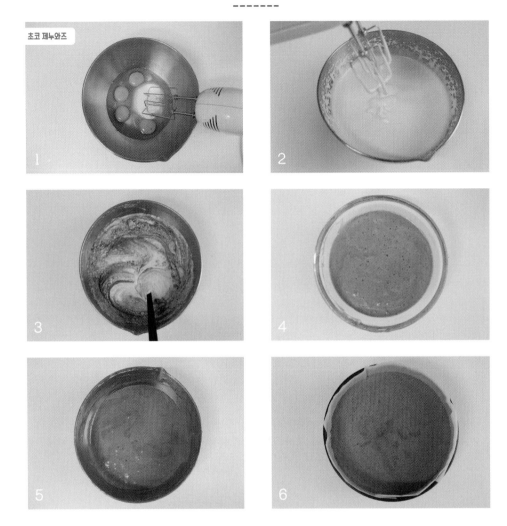

1. 볼에 달걀을 넣고 설탕을 세 번에 나누어 넣으며 휘핑합니다.

2. 휘핑기를 들었을 때 떨어진 반죽의 자국이 남았다가 5초 뒤에 사라질 정도로 휘핑한 뒤, 1분간 저속으로 휘핑해 기포를 정리합니다.

3. 박력분과 코코아파우더를 체에 내려 넣고 날가루가 보이지 않도록 가볍게 섞습니다.

4. 미리 녹인 무염버터+우유에 3번의 반죽을 약간 넣고 분리되지 않도록 섞어 희생반죽을 만듭니다.

5. 희생반죽을 본반죽에 다시 붓고 잘 섞습니다.

6. 미리 유산지를 깔아둔 팬에 반죽을 붓고 바닥에 가볍게 두 번 내리쳐 반죽 안에 있는 공기를 뺀 다음, 180℃로 예열한 오븐에서 30분간 구워 초코 제누와즈를 만들고 식혀둡니다.

7. 다크체리통조림을 체에 걸러 시럽과 체리로 분리합니다.

8. 다크체리통조림의 시럽과 설탕, 물을 냄비에 붓고 설탕이 녹을 때까지 끓인 뒤 식혀 체리시럽을 만듭니다.

9. 볼에 달걀노른자와 설탕을 넣고 거품기로 잘 섞습니다.

10. 우유를 데운 후 달걀노른자에 붓습니다. 이때 달걀이 익지 않도록 거품기로 힘껏하며 붓도록 합니다.

11. 달걀+우유를 냄비에 붓고 83℃가 될 때까지 저으면서 끓입니다.

12. 그릇에 다크초콜릿을 넣고 11번의 반죽을 부은 다음 핸드믹서 등을 사용하여 초콜릿을 잘 녹여 가나슈크림을 만듭니다.

13. 완성된 가나슈크림은 냉장고에 1시간 이상 보관하여 차갑게 만듭니다.

14. 볼에 생크림과 설탕을 넣고 80%로 휘핑해 샹티크림을 만듭니다.

15. 6번에서 충분히 식힌 초코 제누와즈를 일정한 두께로 3등분합니다.

16. 케이크 돌림판 위에 초코 제누와즈 한 장을 올리고 8번의 체리시럽을 촉촉하게 바릅니다.

17. 시럽을 바른 초코 제누와즈 위에 13번에서 차갑게 보관한 가나슈크림을 펴 바릅니다.

18. 가나슈크림 위에 다크체리를 올립니다.

19. 14번의 샹티크림으로 체리 사이사이를 꼼꼼히 채웁니다.

20. 다시 초코 제누와즈 한 장을 올리고 16~19번 과정을 반복합니다.

21. 마지막 초코 제누와즈를 올리고 남은 샹티크림을 이용해 전체적으로 아이싱합니다.

22. 아이싱을 끝낸 케이크에 초콜릿코포와 체리를 사용하여 데커레이션하면 포레누아가 완성됩니다.

REMINGTON CAKE

레밍턴 케이크

호주에서 유명한 레밍턴 케이크는 실수로 스펀지케이크를 초콜릿에 빠뜨렸던 것이 시초가 되어 만들어졌다고 합니다. 부드러운 스펀지케이크에 달콤한 초콜릿, 여기에 코코넛가루 특유의 식감과 향이 어우러져 기분 좋은 디저트입니다.

분량

2호 사각 케이크 틀(18cm×18cm)

오븐

180℃ 20분

재료

- **케이크시트**
  달걀 120g, 달걀노른자 20g, 설탕 70g, 물엿 10g, 박력분 60g, 전분 8g, 무염버터 15g, 우유 20g, 바닐라익스트랙 1/2ts
- **초코아이싱**
  슈가파우더 180g, 코코아파우더 25g, 뜨거운 물 50g, 녹인 미디 25g
- **데커레이션**
  코코넛가루

미리 준비하기

- 오븐은 180℃로 예열합니다.
- 사각 케이크 틀에 유산지 까는 방법은 16페이지를 참고합니다.
- 케이크시트에 들어가는 달걀은 미리 실온에 꺼내 두어 실온 상태로 준비하고, 무염버터는 녹인 다음 우유와 함께 섞어 한 볼에 준비합니다.

How To Make

1. 볼에 달걀과 달걀노른자를 넣고 풀다가 설탕과 물엿을 세 번에 나눠 넣으며 휘핑합니다.

2. 휘핑기를 들었을 때 떨어진 반죽의 자국이 남았다가 5초 뒤에 사라질 정도로 휘핑한 뒤, 1분간 저속으로 휘핑해 기포를 정리합니다.

3. 박력분과 전분을 체에 내려 넣고 날가루가 보이지 않도록 섞습니다.

4. 미리 녹인 무염버터+우유에 바닐라익스트랙을 넣고 섞은 다음, 3번의 반죽을 약간 넣고 분리되지 않도록 섞어 희생반죽을 만듭니다.

5. 희생반죽을 본반죽에 다시 붓고 잘 섞습니다.

6. 미리 유산지를 깔아둔 팬에 반죽을 붓고, 180℃로 예열한 오븐에서 20분간 구워 케이크시트를 만들고 식혀둡니다.

초코아이싱

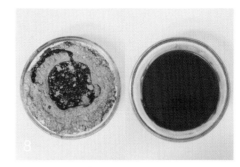

아이싱&데커레이션

7. 볼에 슈가파우더와 코코아파우더를 넣고 섞습니다.

8. 뜨거운 물과 녹인 버터를 넣고, 날가루가 보이거나 뭉치지 않도록 잘 섞어 초코아이싱을 만듭니다.

9. 6번에서 완전히 식힌 케이크시트를 가로세로 4cm 크기로 자릅니다.

10. 자른 케이크시트를 8번의 초코아이싱에 넣고 초코가 흐르지 않을 정도로 묻힙니다.

11. 초코아이싱을 묻힌 케이크시트를 코코넛가루 위에 굴려 골고루 묻히면 레밍턴 케이크가 완성됩니다.

CREPE CAKE

크레이프 케이크

한 장 한 장 정성을 다해 얇게 부쳐 차곡차곡 쌓아올린 크레이프 케이크입니다. 생크림의 풍부한 맛도 즐길 수 있고, 한 장씩 떼어먹는 먹는 재미도 느낄 수 있습니다.

📏 분량
18cm팬

👨‍🍳 미리 준비하기
- 크레이프에 들어가는 달걀과 우유는 미리 실온에 꺼내두어 실온 상태로 사용하고, 무염버터는 녹여서 준비합니다.

🥄 재료
- **크레이프**
  달걀 250g, 설탕 50g, 소금 2g, 박력분 160g, 우유 500g, 녹인 무염버터 50g
- **샹티크림**
  생크림 500g, 설탕 50g, 바닐라빈페이스트 1/2ts
- **데커레이션**
  미로와(광택제)

TIP

크레이프 반죽을 뒤집을 때는 젓가락을 사용하면 편리합니다. 반죽을 뒤집을 때 찢어지지 않도록 주의합니다.

How To Make

1. 볼에 달걀과 설탕, 소금을 넣고 섞습니다.

2. 박력분을 체에 내려 넣고, 날가루가 보이지 않도록 잘 섞습니다.

3. 우유를 넣고 섞다가 녹인 무염버터를 넣고 분리되지 않도록 잘 섞습니다.

4. 잘 섞은 반죽을 체에 한 번 내려 뭉친 부분을 걸러냅니다.

5. 지름이 약 18cm인 팬을 살짝 달궈 분량 외의 오일을 두르고 키친타월을 사용해서 오일을 닦아내듯
   바릅니다.

6. 팬에 4번의 반죽을 2/3국자 정도 붓고, 팬을 가볍게 돌리면서 반죽을 얇게 펴서 부칩니다. 반죽이
   두꺼워지지 않도록 주의합니다.

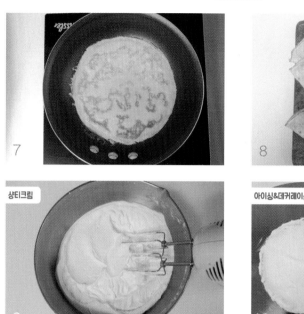

7. 반죽의 가장자리가 갈색으로 변하며 익기 시작하면 젓가락을 이용해 찢어지지 않도록 주의하며 뒤집습니다.

8. 크레이프를 약 24장 정도 부친 다음 완전히 식혀둡니다.

9. 볼에 생크림과 설탕, 바닐라빈페이스트를 넣고 80%로 휘핑해 샹티크림을 만듭니다.

10. 케이크 돌림판 위에 8번의 크레이프를 한 장 깔고 샹티크림을 얇게 바릅니다. 그 위에 다시 크레이프 한 장을 얹고 샹티크림을 얇게 펴 바르기를 반복합니다.

11. 크레이프와 샹티크림을 끝까지 반복해서 쌓은 후, 가장 마지막 크레이프 위에 미로와를 바르면 크레이프 케이크가 완성됩니다.

GÂTEAU
BASQUE

가토 바스크

가토 바스크는 모양이 화려하지는 않지만 프랑스 바스크 지방의 대표 디저트
로 역사와 전통이 깊은 케이크입니다. 커스터드크림에 레몬을 약간 가미하여
고소함과 달콤함 그리고 은은한 상큼함이 매력적인 가토 바스크에 체리까지
더해 한 입만 먹어도 기분이 좋아지는 디저트입니다.

분량
2호 무스링(18cm)

재료
- **파티시에크림(커스터드크림)**
  달걀노른자 75g, 설탕 86g, 전분 15g, 박력분
  20g, 우유 400g, 바닐라빈페이스트(바닐라익스
  트랙) 1ts, 레몬제스트 1개 분량
- **파트슈크레**
  무염버터 200g, 황설탕 180g, 달걀 1개, 달걀노른
  자 2개, 박력분 280g, 베이킹파우더 6g, 소금 2g
- **충전물&데커레이션**
  씨를 제거한 다크체리통조림, 달걀노른자 1개,
  물 1Tb

오븐
180℃ 40분

미리 준비하기
- 오븐은 180℃로 예열합니다.
- 파트슈크레에 들어가는 무염버터는 실온에 1시간
  이상 보관하여 말랑한 포마드 상태로 준비합니다.

TIP

레몬제스트는 레몬을 굵은 소금과
베이킹소다로 깨끗이 씻은 다음, 껍
질을 강판에 갈아서 만듭니다. 흰
속껍질은 쓴맛이 나기 때문에 노란
겉껍질만 얇게 갈아서 만듭니다.

How To Make

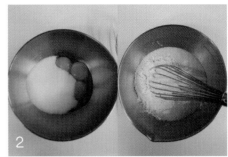

1. 냄비에 우유를 붓고 따뜻하게 데웁니다.

2. 볼에 달걀노른자와 설탕을 넣고 휘핑하다가 전분과 박력분을 넣고 날가루가 보이지 않도록 골고루
   섞습니다.

3. 달걀노른자 반죽에 1번의 데운 우유를 넣습니다. 이때 달걀노른자 반죽이 익지 않도록 계속 휘핑하
   며 넣고, 다 넣은 다음에는 바닐라빈페이스트를 넣고 섞습니다.

4. 우유를 데운 냄비에 3번의 반죽을 붓고 중약불에서 걸쭉해질 때까지 저어줍니다. 이때 바닥에
   눌어붙지 않도록 주의합니다.

5. 반죽이 적당한 되기가 되면 레몬제스트를 넣고 섞어 파티시에크림을 만듭니다.

6. 완성된 파티시에크림은 볼에 옮겨 담고, 공기가 닿지 않도록 랩을 밀착해 씌워 식힙니다.

7. 볼에 실온의 말랑한 무염버터를 휘핑해 크림상태로 만들고, 황설탕을 넣어 골고루 섞습니다.

8. 달걀과 달걀노른자를 세 번에 나눠 넣으며 분리되지 않도록 잘 섞습니다.

9. 박력분과 베이킹파우더, 소금을 체에 내려 넣고, 날가루가 보이지 않도록 주걱으로 잘 섞어 파트슈 크레 반죽을 만듭니다.

10. 오븐 팬에 유산지를 깔고 무스링을 올린 다음 9번의 반죽을 2/3 정도 넣고 바닥과 옆면에 발라 전체적으로 모양을 잡습니다. 파트슈크레 반죽은 무르기 때문에 주걱이나 짤주머니를 이용하면 편리합니다.

11. 6번에서 만들어둔 파티시에크림을 짤주머니에 넣고 반죽 위에 짜서 올립니다.

12. 씨를 제거한 다크체리를 올리고 파티시에크림을 체리 사이사이에 채워 넣습니다.

13. 다크체리가 보이지 않을 정도로 파티시에크림을 올립니다.

14. 남은 파트슈크레 반죽으로 파티시에크림 위를 덮습니다. 덮이지 않은 부분이 없도록 가장자리까지 꼼꼼하게 덮습니다.

15. 달걀노른자에 물을 섞은 다음 반죽 위에 바릅니다.

16. 포크로 윗면에 무늬를 낸 다음, 구울 때 윗면이 터지는 것을 방지하기 위해 칼집을 넣습니다.

17. 180℃로 예열한 오븐에 반죽을 넣고 40분간 구우면 가토 바스크가 완성됩니다.

| FRAISIER

프리지에

딸기의 계절이 돌아오면 가장 먼저 생각나는 프리지에입니다. 딸기의 단면으로 장식하는 이 케이크는 보기만 해도 상큼함이 가득하며, 맛있는 무슬린크림과 딸기의 조화가 고급스러운 케이크입니다.

🍵 **분량**

1호 사각 무스링(15cm × 15cm)

📺 **오븐**

180℃ 20분

🥄 **재료**

- **비스퀴**
  달걀흰자 140g, 설탕 60g, 아몬드가루 90g, 박력분 30g, 슈가파우더 120g, 토핑용 슈가파우더 약간

- **파티시에크림(p.23)**
  우유 300g, 달걀노른자 3개, 설탕 60g, 박력분 15g, 전분 10g, 바닐라빈페이스트(바닐라익스트랙, 바닐라빈) 1ts

- **무슬린크림**
  파티시에크림, 무염버터 180g

- **샹티크림**
  생크림 100g, 설탕 10g

- **충전물&데커레이션**
  딸기

👨‍🍳 **미리 준비하기**

- 오븐은 180℃로 예열합니다.

- 비스퀴에 들어가는 아몬드가루, 박력분, 슈가파우더는 체에 내려 준비합니다.

- 파티시에크림은 23페이지를 참고해 미리 만들어 식혀둡니다.

- 무슬린크림에 들어가는 무염버터는 실온에 1시간 이상 보관하여 말랑한 포마드 상태로 준비합니다.

- 비스퀴의 달걀흰자와 샹티크림의 생크림은 냉장고에 보관해 차갑게 유지합니다.

How To Make

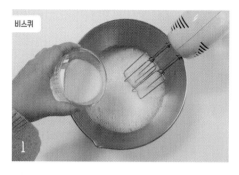

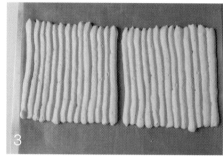

1. 볼에 차가운 상태의 달걀흰자를 넣고 휘핑하면서 설탕을 세 번에 나눠 넣으며 단단한 머랭을 만듭니다.

2. 머랭에 미리 체에 내려둔 아몬드가루와 박력분, 슈가파우더를 넣고 날가루가 보이지 않도록 섞습니다.

3. 2번의 반죽을 짤주머니에 넣고 유산지 위에 사각 무스링보다 약간 큰 사이즈(17cm×17cm)로 사각형 두 개를 짭니다. 그다음 토핑용 슈가파우더를 두 번 정도 뿌려 180℃로 예열한 오븐에서 20분간 구워 비스퀴를 만들고 식힙니다.

4. 가이드의 23페이지를 참고해 만든 파티시에크림을 다시 휘핑해 부드러운 크림 상태로 만듭니다.

5. 실온의 말랑한 무염버터를 파티시에크림과 섞어 무슬린크림을 만듭니다. 버터가 포마드상태가 아니라면 버터를 따로 휘핑하여 크림 상태로 만든 후 섞도록 합니다.

6. 3번에서 구워 식힌 비스퀴를 무스링 크기에 맞게 자르고, 무스링 안쪽에 띠를 두른 다음 비스퀴 한 장을 바닥에 깔아줍니다.

샹티크림

아이싱&데커레이션

7. 딸기를 세로로 자른 다음 단면이 무스띠에 닿도록 비스퀴 위에 올립니다.

8. 5번의 무슬린크림을 짤주머니에 담고 딸기 사이사이와 시트 위에 꼼꼼히 채워 넣습니다.

9. 중앙의 빈 공간에 딸기를 올리고 사이사이를 무슬린크림으로 채웁니다.

10. 딸기가 보이지 않도록 무슬린크림으로 덮은 다음, 그 위에 남은 비스퀴를 올립니다.

11. 생크림에 설탕을 넣고 휘핑해 샹티크림은 만든 다음 비스퀴 위에 펴 바릅니다

12. 딸기와 샹티크림으로 케이크의 윗면을 장식하면 프리지에가 완성됩니다.

브라우니

꾸덕하면서도 진한 초콜릿 맛이 매력적인 브라우니는 커피나 우유와도 아주
잘 어울려 남녀노소 많은 분들이 좋아하는 케이크입니다. 맛있게 구운 브라
우니에 바닐라아이스크림을 곁들이면 아주 훌륭한 디저트 타임을 즐길 수 있
습니다.

분량
2호 사각 케이크 틀(18cm×18cm)

오븐
170℃ 20분

재료
- 브라우니
  다크초콜릿 160g, 무염버터 100g, 달걀 110g,
  설탕 120g, 소금 2g, 바닐라익스트랙 1/2ts, 중
  력분 60g, 코코아파우더 15g

미리 준비하기
- 오븐은 170℃로 예열합니다.
- 사각 케이크 틀에 유산지 까는 방법은 16페이지
  를 참고합니다.

How To Make

1. 볼에 다크초콜릿과 무염버터를 넣고 중탕으로 녹입니다.

2. 다른 볼에 달걀과 설탕, 소금, 바닐라익스트랙을 넣고 잘 섞습니다.

3. 달걀 반죽에 1번에서 녹인 다크초콜릿+무염버터를 넣고 분리되지 않도록 섞습니다.

4. 중력분과 코코아파우더를 체에 내려 넣고, 날가루가 보이지 않도록 잘 섞습니다.

5. 미리 유산지를 깔아둔 팬에 반죽을 붓고 바닥에 가볍게 두 번 내리쳐 반죽 안에 있는 공기를 뺀 다음, 170℃로 예열한 오븐에서 20분간 구워 식히면 브라우니가 완성됩니다.

VICTORIA CAKE

빅토리아 케이크

빅토리아 샌드위치 케이크라고도 불리는 빅토리아 케이크는 영국의 빅토리아 여왕이 즐겨먹어 이름 붙여진 케이크입니다. 화려한 기교는 없지만 라즈베리의 상큼하고 달콤한 맛이 버터케이크와 아주 잘 어울립니다.

분량
1호 케이크 틀(15cm) 2개

오븐
175℃ 30분

재료
- **케이크시트**
  무염버터 160g, 설탕 160g, 바닐라익스트랙 1/2ts, 달걀 3개(165g), 박력분 160g, 베이킹파우더 4g
- **샹티크림**
  생크림 120g, 설탕 12g
- **충진물&데커레이션**
  라즈베리잼, 슈가파우더

미리 준비하기
- 오븐은 175℃로 예열합니다.
- 케이크시트에 들어가는 무염버터는 실온에 1시간 이상 보관하여 말랑한 포마드 상태로 준비하고, 달걀은 미리 실온에 꺼내둡니다.
- 샹티크림에 들어가는 생크림은 차갑게 냉장 보관해둡니다.

How To Make

1. 1호 케이크 틀을 두 개 준비해 분량 외의 버터를 바른 다음 바닥에만 유산지를 깔아둡니다.

2. 볼에 실온의 말랑한 무염버터를 넣고 크림 상태가 되도록 휘핑합니다.

3. 버터에 설탕을 넣고 휘핑하다가 바닐라익스트랙을 넣고 섞습니다.

4. 달걀을 한 개씩 넣으며 버터와 분리되지 않도록 충분히 섞습니다. 달걀이 차가우면 버터와 잘 섞이지 않으니 꼭 실온에 보관한 달걀을 사용합니다.

5. 박력분과 베이킹파우더를 체에 내려 넣고, 날가루가 보이지 않도록 주걱으로 가볍게 섞습니다.

6. 1번에서 준비한 두 개의 케이크 틀에 반죽을 똑같은 양으로 나눠 담은 다음, 175℃로 예열한 오븐에서 30분간 구워 케이크시트를 만들고 식혀둡니다.

How To Make

7. 완전히 식은 케이크시트 중 아랫단이 될 케이크시트는 윗면을 평평하게 슬라이스해 높이를 맞춥니다.

8. 라즈베리잼을 슬라이스한 케이크 시트 위에 바릅니다.

9. 다른 볼에 생크림과 설탕을 넣어 휘핑해 샹티크림을 만든 다음 라즈베리잼 위에 듬뿍 올려 펴 바릅니다.

10. 그 위에 남은 케이크시트를 올립니다.

11. 마지막으로 슈가파우더를 체에 내려 데커레이션하면 빅토리아 케이크가 완성됩니다.

OPERA
CAKE

오페라 케이크

커피와 초콜릿이 환상적인 조화를 이루는 오페라 케이크입니다. 다소 공정이 많아서 만들기에 조금 까다롭지만, 한 번 맛을 보면 번거로움을 무릅쓰고서라도 만들고 싶어지는 케이크입니다.

🥤 분량
2호 사각 무스링(18cm×18cm)

🖊 재료

- **비스퀴 조콩드(p.32)**
  아몬드가루 100g, 슈가파우더 100g, 달걀 3개, 달걀흰자 3개, 설탕 15g, 박력분 20g, 무염버터 15g

- **커피시럽**
  물 100g, 설탕 70g, 인스턴트커피 1ts, 깔루아(럼주) 1/2ts

- **커피크림**
  물 40g, 설탕 100g, 인스턴트커피 1.5Tb, 달걀노른자 70g, 무염버터 180g

- **가나슈크림**
  다크초콜릿 88g, 생크림 65g, 무염버터 23g

- **초코 글라사주**
  물 65g, 생크림 55g, 설탕 80g, 코코아파우더 35g, 젤라틴 4g

📺 오븐
190℃ 10분

- **데커레이션**
  식용금박

👨‍🍳 미리 준비하기

- 오븐은 190℃로 예열합니다.

- 오븐 팬에 테프론시트를 깔아둡니다.

- 비스퀴 조콩드에 들어가는 달걀과 달걀흰자는 실온에 1시간 이상 두고, 무염버터는 녹여서 준비합니다.

- 커피크림에 들어가는 무염버터는 실온에 1시간 이상 보관하여 말랑한 포마드 상태로 준비합니다.

- 초코 글라사주에 들어가는 젤라틴은 차가운 물에 불려둡니다.

How To Make

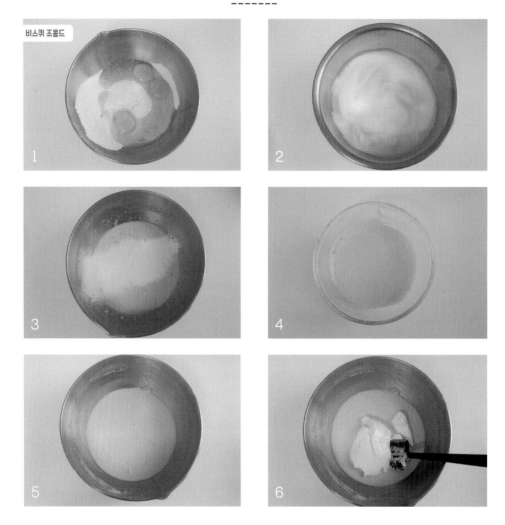

1. 볼에 아몬드가루와 슈가파우더를 체에 내린 다음 달걀을 넣고 충분히 휘핑합니다.

2. 다른 볼에 달걀흰자를 넣고 설탕을 두 번에 나눠 넣으며 휘핑해 단단한 머랭을 만듭니다.

3. 1번의 반죽에 박력분을 체에 내려 넣고 날가루가 보이지 않도록 골고루 섞습니다.

4. 작은 볼에 미리 녹인 무염버터와 3번의 반죽을 한 주걱 덜어 넣고 분리되지 않도록 섞어 희생반죽을 만듭니다.

5. 희생반죽을 본반죽에 넣고 잘 섞습니다.

6. 본반죽에 2번의 머랭을 세 번에 나눠 넣으며 머랭이 꺼지지 않도록 섞습니다.

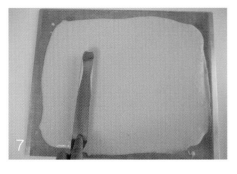

7. 반죽을 테프론시트 위에 붓고 스패츌러를 이용해 3mm 두께로 균일하게 편 뒤, 190℃로 예열한 오븐에서 10분간 구워 비스퀴 조콩드를 만들고 식혀둡니다.

8. 냄비에 물과 설탕, 인스턴트커피를 넣고 설탕이 녹을 때까지 끓인 뒤, 불에서 내려 깔루아(럼주)를 넣고 섞어 커피시럽을 만듭니다.

9. 다른 냄비에 물과 설탕, 인스턴트커피를 넣고 115℃까지 끓입니다.

10. 끓이는 동안 다른 볼에 달걀노른자를 넣고 뽀얗게 될 때까지 휘핑합니다.

11. 달걀노른자 반죽에 9번을 천천히 부으며 섞습니다. 이때 달걀이 익지 않도록 달걀노른자 반죽을 계속 휘핑하면서 천천히 넣습니다.

12. 11번의 반죽이 식을 때까지 계속 휘핑한 뒤, 포마드 상태의 무염버터를 나눠 넣으며 분리되지 않도록 휘핑해 부드러운 커피크림을 만듭니다.

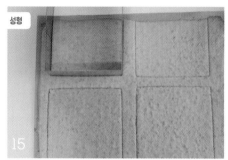

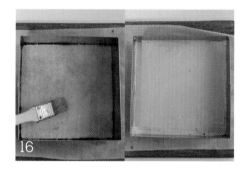

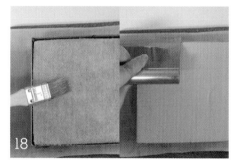

13. 볼에 다크초콜릿을 넣고 뜨겁게 데운 생크림을 넣어 초콜릿을 녹입니다. 초콜릿이 차가워서 잘 녹지 않으면 중탕을 하거나 전자레인지를 이용해도 좋습니다.

14. 초콜릿이 다 녹으면 열기가 남아있는 상태에서 무염버터를 넣고 분리되지 않도록 충분히 섞어 가나 슈크림을 만듭니다.

15. 7번의 완전히 식은 비스퀴 조콩드를 2호 사각 무스링 크기로 자릅니다.

16. 유산지 위에 무스링을 올리고 그 안에 비스퀴 조콩드 한 장을 넣은 다음 8번의 커피시럽과 12번의 커피크림을 순서대로 바릅니다.

17. 그 위에 다시 비스퀴 조콩드를 올리고 이번에는 커피시럽과 14번의 가나슈크림을 순서대로 바릅니다.

18. 마지막 비스퀴 조콩드를 올리고 커피시럽을 바른 다음 커피크림을 올리고 스크래퍼로 윗면을 평평하게 만듭니다.

19. 그 상태 그대로 냉장고로 옮겨 차갑게 굳힙니다.

20. 케이크를 냉장고에서 굳히는 동안 냄비에 물과 생크림, 설탕을 넣고 설탕이 녹을 때까지 끓입니다.

21. 냄비를 불에서 내리고 코코아파우더와 미리 불려둔 젤라틴을 넣고 녹인 다음, 덩어리나 기포가 생기지 않도록 핸드믹서로 섞은 뒤 체에 곱게 내려 초코 글라사주를 만듭니다.

22. 19번에서 굳힌 케이크를 꺼낸 뒤, 토치를 사용해 무스링 가장자리를 녹여 무스링을 분리합니다.

23. 분리한 케이크를 식힘망에 올리고 21번의 초코 글라사주를 붓습니다.

24. 따뜻하게 데운 칼을 사용해 케이크의 가장자리 네 면을 깔끔하게 정리하고, 케이크 위를 식용금 박으로 데커레이션하면 오페라 케이크가 완성됩니다.

MARRON
CAKE

마롱 케이크

가을이면 생각나는 밤의 풍미를 가득 담은 마롱 케이크입니다. 마롱크림에
보늬밤을 넣어 달콤하고 맛있는 밤 맛을 제대로 느낄 수 있습니다.

🍵 분량
1/2 빵 팬(39cm×29cm)

🖋 재료
- **비스퀴**
  달걀흰자 125g, 설탕 100g, 달걀노른자 100g,
  박력분 55g, 전분 25g, 버터 40g, 바닐라익스트
  랙 1/2ts
- **파티시에크림(p.23)**
  달걀노른자 38g, 설탕 20g, 우유 180g, 박력분
  10g, 전분 8g, 바닐라익스트랙 1/2ts
- **마롱크림**
  밤페이스트 150g, 생크림A 30g, 파티시에크림,
  생크림B 150g
- **마롱버터크림**
  밤페이스트 200g, 꼬앵도르(럼주) 8g, 버터 100g
- **시럽**
  뜨거운 물 70g, 설탕 35g, 꼬앵도르(럼주) 1ts
- **충전물**
  보늬밤

📟 오븐
190℃ 15분

🍳 미리 준비하기
- 오븐은 190℃로 예열합니다.
- **빵** 팬에 유산지 까는 방법은 16페이지를 참고합
  니다.
- 비스퀴에 들어가는 박력분과 전분은 두 번 정도
  체에 내려 준비하고, 버터는 녹인 다음 바닐라익
  스트랙과 섞어둡니다.
- 파티시에크림은 23페이지를 참고해 미리 만들어
  둡니다.
- 마롱크림, 마롱버터크림에 들어가는 밤페이스트
  와 마롱버터크림에 들어가는 버터는 실온에 1시간
  이상 보관하여 말랑한 상태로 준비합니다.
- 짤주머니에 몽블랑 깍지를 끼워 준비합니다.

How To Make

1. 볼에 달걀흰자를 넣고 설탕을 세 번에 나눠 넣으며 휘핑해 단단한 머랭을 만듭니다.

2. 머랭에 달걀노른자를 세 번에 나눠 넣으며 휘핑합니다.

3. 미리 체에 내려둔 박력분과 전분을 넣고 날가루가 보이지 않을 때까지 주걱으로 섞습니다.

4. 미리 녹인 버터+바닐라익스트랙에 3번의 반죽을 약간 넣고 분리되지 않도록 골고루 섞어 희생반죽을 만듭니다.

5. 희생반죽을 본반죽에 다시 붓고 섞습니다.

6. 미리 유산지를 깔아둔 1/2 빵 팬에 반죽을 붓고 스패츌러를 이용해 평평하게 정리한 뒤, 190℃로 예열한 오븐에서 15분간 구워 비스퀴를 만든 다음 식혀둡니다.

7. 가이드의 23페이지를 참고하여 파티시에크림을 만든 다음 식혀둡니다.

8. 볼에 밤페이스트와 생크림A를 넣고 섞어 밤페이스트를 부드럽게 풀어줍니다.

9. 충분히 식힌 7번의 파티시에크림을 나눠 넣으며 분리되지 않도록 잘 섞습니다.

10. 다른 볼에 생크림B를 넣고 단단하게 휘핑한 뒤, 9번 반죽에 나눠 넣으며 거품이 꺼지지 않도록 잘 섞어 마롱크림을 만듭니다.

11. 밤페이스트에 꼬앵도르를 넣고 밤페이스트를 부드럽게 풀어줍니다.

12. 여기에 포마드 상태의 버터를 나눠 넣으며 분리되지 않도록 완전히 섞어 마롱버터크림을 만듭니다.

How To Make

13. 작은 볼에 뜨거운 물을 넣고 설탕을 넣어 먼저 녹인 다음 40℃까지 식히고 꼬엥도르를 섞어 시럽
    을 만듭니다.

14. 6번에서 완전히 식힌 비스퀴를 반으로 자릅니다.

15. 비스퀴 한 장을 깔고 그 위에 13번의 시럽을 바릅니다.

16. 시럽 위에 10번의 마롱크림을 얇게 바르고 보늬밤을 잘게 썰어 올립니다.

17. 보늬밤 위에 다시 마롱크림을 올립니다.

18. 마롱크림 위에 남은 한 장의 비스퀴를 올리고 다시 시럽을 바릅니다.

19. 시럽을 바른 비스퀴 위에 다시 마롱크림을 얇게 바릅니다.

20. 12번의 마롱버터크림을 몽블랑 깍지를 끼운 짤주머니에 넣고 마롱크림 위에 예쁘게 짭니다.

21. 케이크의 가장자리를 잘라 정리하면 마롱 케이크가 완성됩니다.

| LAVA CAKE

라바 케이크

우리나라에서는 '퐁당 오 쇼콜라'라고 불리는 라바 케이크입니다. 높은 온도에서 짧은 시간에 구워낸 케이크를 반으로 잘랐을 때 초콜릿이 흐르는 것이 매력적인 이 케이크는 진한 초콜릿 맛으로 많은 사랑을 받고 있습니다. 라바 케이크를 조금 더 특별한 디저트로 즐기고 싶다면 여기에 바닐라 아이스크림을 곁들여도 좋습니다.

분량
라메킨(8cm) 4개

* 라메킨(Ramekin) : 세라믹이나 유리로 만든 작은 그릇

재료
- **라바 케이크**
  다크초콜릿 130g, 무염버터 50g, 달걀 3개, 설탕 75g, 박력분 40g
- **팬닝&데커레이션**
  버터, 코코아파우더, 슈가파우더

오븐
190℃ 8분

미리 준비하기
- 오븐은 190℃로 예열합니다.

How To Make

1. 볼에 다크초콜릿과 무염버터를 넣고 중탕으로 녹입니다.

2. 다른 볼에 달걀과 설탕을 넣고 휘핑합니다. 달걀의 탄력이 감소하고, 설탕이 서걱거리지 않을 정도로만 휘핑합니다.

3. 달걀 반죽에 1번의 중탕한 초콜릿+버터를 넣고 분리되지 않도록 잘 섞습니다.

4. 박력분을 체에 내려 넣고 날가루가 보이지 않도록 잘 섞어 라바 케이크 반죽을 만듭니다.

5. 라메킨 또는 오븐용 용기에 버터를 바릅니다.

6. 버터를 바른 라메킨에 코코아파우더를 입힙니다. 이렇게 하면 오븐에 구운 후에도 잘 떨어집니다.

7. 라메킨에 4번의 라바 케이크 반죽을 채워 넣습니다.

8. 190℃로 예열한 오븐에서 8분간 굽습니다. 너무 오래 구우면 다 익어버리므로 짧게 굽도록 합니다.

9. 다 구운 라메킨 위에 접시를 올리고 그대로 뒤집어 케이크를 분리합니다. 이때 손이 데지 않도록 조심합니다.

10 따뜻한 케이크 위에 슈가파우더를 체에 내려 데커레이션하면 라바 케이크가 완성됩니다

PART 02

RICE CAKE

쌀케이크

RICE SIMON
CUPCAKE

쌀 시몬 컵케이크

동네 빵집에서 자주 볼 수 있는 포슬포슬한 시몬 컵케이크입니다. 아이들 간식으로 인기 있는 시몬 컵케이크를 쌀가루로 만들어보세요. 건강은 물론 맛까지 있어서 우유와 함께 먹으면 한두 개는 순식간에 사라져 버린답니다.

📐 분량
12구 머핀 틀(머핀 12개)

📟 오븐
170℃ 30분

🥄 재료
- **쌀 시몬 컵케이크**
  달걀 4개, 설탕 110g, 박력쌀가루 120g, 버터 50g, 우유 50g, 바닐라익스트랙 1ts

🎩 미리 준비하기
- 오븐은 170℃로 예열합니다.
- 달걀은 노른자와 흰자로 분리해 준비합니다.
- 박력쌀가루는 체에 내려둡니다.
- 버터는 녹여서 준비합니다.
- 머핀 틀에 유산지 컵을 끼워둡니다.

How To Make

1. 볼에 달걀흰자를 넣고 설탕을 세 번에 나눠 넣으며 휘핑해 단단한 머랭을 만듭니다.

2. 머랭에 달걀노른자를 1개씩 넣으며 휘핑합니다.

3. 미리 체에 내려둔 박력쌀가루를 넣고 날가루와 덩어리가 없도록 골고루 섞습니다.

4. 다른 볼에 미리 녹여둔 버터와 우유, 바닐라익스트랙을 넣고 섞은 다음, 3번의 반죽을 약간 넣고 분리되지 않도록 섞어 희생반죽을 만듭니다.

5. 희생반죽을 본반죽에 다시 붓고 잘 섞습니다.

6. 미리 유산지 컵을 끼워둔 머핀 틀에 5번의 반죽을 80% 정도 부은 뒤, 170℃로 예열한 오븐에서 30분간 구우면 쌀 시몬 컵케이크가 완성됩니다.

RASPBERRY
RICE CAKE

라즈베리 쌀케이크

부드러운 쌀케이크시트에 새콤달콤한 라즈베리를 곁들여 자꾸만 손이 가는
매력적인 케이크입니다. 단면이 굉장히 화려하기 때문에 특별한 자리에 매우
잘 어울립니다.

🫗 분량
30cm×40cm 오븐 팬

📟 오븐
180℃ 13분

🥄 재료
- **쌀비스퀴**
  달걀노른자 100g, 설탕A 40g, 달걀흰자 140g,
  설탕B 55g, 박력쌀가루 60g, 버터 15g, 우유
  30g
- **라즈베리잼**
  라즈베리퓨레 120g, 설탕 20g, 펙틴 3g
- **라즈베리크림**
  생크림 200g, 설탕 20g, 라즈베리퓨레 20g
- **샹티크림**
  생크림 150g, 설탕 15g

👨‍🍳 미리 준비하기
- 오븐은 180℃로 예열합니다.
- 쌀비스퀴에 들어가는 버터는 녹인 다음 우유와
  함께 섞어 한 볼에 준비합니다.
- 케이크에 아이싱하는 방법은 18페이지를 참고합
  니다.

How To Make

1. 볼에 달걀노른자와 설탕A를 넣고 뽀얗게 올라오도록 충분히 휘핑합니다.

2. 다른 볼에 달걀흰자와 설탕B를 넣고 휘핑해 단단한 머랭을 만듭니다.

3. 1번의 달걀노른자 반죽에 머랭을 세 번에 나눠 넣으며 머랭이 꺼지지 않도록 살살 섞습니다.

4. 박력쌀가루를 체에 내려 넣고, 날가루가 보이지 않도록 섞습니다.

5. 미리 녹여둔 버터+우유에 4번의 반죽을 약간 넣고 섞어 희생반죽을 만듭니다.

6. 희생반죽을 본반죽에 다시 붓고 섞습니다.

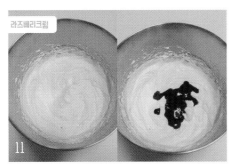

7. 팬에 유산지나 테프론시트를 깔고 반죽을 부은 다음 균일한 두께가 되도록 스패츌러로 평평하게 정리한 뒤, 180℃로 예열한 오븐에서 13분간 구워 쌀비스퀴를 만들고 식혀둡니다.

8. 작은 볼에 설탕과 펙틴을 넣고 섞습니다.

9. 냄비에 라즈베리퓨레를 넣어 50℃가 될 때까지 끓입니다.

10. 온도를 맞춘 라즈베리퓨레에 8번의 설탕+펙틴을 넣고 잘 섞은 뒤, 퓨레가 끓어오르면 불을 끄고 식혀 라즈베리잼을 만듭니다.

11. 볼에 생크림과 설탕을 넣고 80%로 휘핑한 다음, 라즈베리퓨레를 넣고 잘 섞어 라즈베리크림을 만듭니다.

12. 7번에서 완전히 식힌 쌀비스퀴를 6cm 간격으로 자릅니다.

샹티크림 / 라즈베리 쌀케이크

13. 가장 마지막 시트의 한쪽 끝을 사선으로 자릅니다. 이렇게 자르면 롤을 말 때 깔끔하게 마무리할 수 있습니다.

14. 쌀비스퀴 위에 10번의 라즈베리잼과 11번의 라즈베리크림을 순서대로 바릅니다.

15. 12번에서 자른 시트를 한 장씩 돌돌 말아가면서 크게 이어 붙입니다.

16. 마지막 시트까지 말아준 다음에 스패츌러로 윗면의 흘러나온 잼과 크림을 정리합니다.

17. 다른 볼에 생크림과 설탕을 넣고 휘핑해 샹티크림을 만든 다음, 16번의 케이크를 깔끔하게 아이싱 하면 라즈베리 쌀케이크가 완성됩니다.

SWEETPUMPKIN
RICE CAKE

단호박 쌀케이크

케이크시트부터 크림까지, 단호박 한 통을 남김없이 사용한 단호박 쌀케이크
입니다. 단호박의 부드러우면서도 은은하게 퍼지는 달콤한 맛에 건강함까지
더하여 어른도 아이도 좋아할만한 케이크입니다.

🥛 분량
1호 사각 케이크 틀(15cm×15cm)

📟 오븐
170℃ 35~40분

🥄 재료
- **단호박 쌀케이크시트**
  달걀 170g, 설탕 150g, 포도씨유 80g, 박력쌀가
  루 140g, 단호박가루 23g, 베이킹파우더 5g, 단
  호박퓨레 100g
- **단호박크림**
  크림치즈 140g, 설탕 50g, 단호박퓨레 150g, 연
  유 50g, 단호박가루 12g, 생크림 380g

🍥 미리 준비하기
- 오븐은 170℃로 예열합니다.
- 사각 케이크 틀에 유산지 까는 방법은 16페이지
  를 참고합니다.
- 단호박퓨레는 단호박을 찜기나 전자레인지로 찐
  뒤에 체로 곱게 으깨서 준비합니다.
- 단호박크림에 들어가는 크림치즈는 실온에 1시간
  이상 보관하여 말랑한 상태로 준비합니다.
- 짤주머니에 895 깍지를 끼워 준비합니다.

1. 볼에 달걀과 설탕을 넣고 중탕하여 약 40℃까지 올립니다. 달걀이 익지 않도록 거품기로 가볍게 저으며 중탕합니다.

2. 40℃가 되면 볼을 내려 중탕한 달걀이 뽀얗게 되고, 휘핑기를 들었을 때 리본 모양이 생겼다 사라질 정도로 휘핑합니다.

3. 반죽에 포도씨유를 넣고 저속으로 휘핑합니다.

4. 박력쌀가루, 단호박가루, 베이킹파우더를 체에 내려 넣고 주걱으로 날가루가 조금 남아 있을 정도로만 섞습니다.

5. 단호박퓨레를 넣고 날가루가 보이지 않도록 완전히 섞습니다.

6. 미리 유산지를 깔아둔 팬에 반죽을 붓고 170℃로 예열한 오븐에서 35~40분간 구워 단호박 쌀케이크시트를 만들고 식혀둡니다.

7. 볼에 실온의 말랑한 크림치즈와 설탕을 넣고 크림 상태가 되도록 휘핑합니다.

8. 단호박퓨레와 연유, 단호박가루를 넣고 휘핑합니다.

9. 생크림을 조금씩 나눠 넣으며 저속으로 휘핑한 뒤 생크림이 잘 섞이면 중속으로 휘핑하여 단호박 크림을 만듭니다.

10. 6번에서 충분히 식힌 단호박 쌀케이크시트를 일정한 두께로 3등분합니다.

11. 케이크 돌림판 위에 단호박 쌀케이크시트 한 장을 올리고 9번의 단호박크림을 895 깍지를 끼운 짤주머니에 담아 짠 다음 시트 한 장을 더 올립니다. 이 과정을 한 번 더 반복해 3단으로 만들고 윗면을 아이싱합니다.

12. 케이크 윗면을 단호박크림과 분량 외의 단호박으로 데커레이션하면 단호박 쌀케이크가 완성됩니다.

RASPBERRY CHOCO
RICE CAKE

산딸기 초코 쌀케이크

초콜릿을 입힌 푀요틴과 상큼한 산딸기가 만났습니다. 쫀득한 식감의 쌀다쿠
아즈 케이크 위에 산뜻한 산딸기크림과 바삭바삭 씹는 즐거움이 있는 푀요틴
을 올려 기분까지 UP 시켜주는 케이크입니다.

📏 **분량**

원형 링(8cm) 4개

🖥 **오븐**

160℃ 15분

🥄 **재료**

- **쌀다쿠아즈**
  달걀흰자 60g, 설탕 24g, 박력쌀가루 7g, 아몬
  드가루 55g, 슈가파우더 40g, 코코아파우더 5g
- **초콜릿 푀요틴**
  다크초콜릿 35g, 푀요틴 35g
- **산딸기크림**
  생크림 100g, 벌꿀 20g, 산딸기퓌레 20g
- **데커레이션**
  산딸기

👨‍🍳 **미리 준비하기**

- 오븐은 160℃로 예열합니다.
- 쌀다쿠아즈에 들어가는 달걀흰자와 산딸기크림
  에 들어가는 생크림은 냉장고에서 차갑게 보관한
  후 사용합니다.
- 쌀다쿠아즈에 들어가는 박력쌀가루, 아몬드가루, 슈
  가파우더, 코코아파우더는 체에 내려 준비합니다.
- 짤주머니에 1cm 원형 깍지를 끼워 준비합니다.

How To Make

1. 볼에 달걀흰자를 넣고 설탕을 세 번에 나눠 넣으며 휘핑해 단단한 머랭을 만듭니다.

2. 미리 체에 내려 준비한 박력쌀가루, 아몬드가루, 슈가파우더, 코코아파우더를 넣고 머랭이 꺼지지 않도록 주걱으로 가볍게 섞습니다.

3. 반죽을 1cm 원형 각지를 끼운 짤주머니에 넣고, 테프론시트 위에 올린 원형 링 안에 짜 넣습니다. 가장자리는 2cm 높이로, 중앙 부분은 1~1.5cm 정도의 높이로 짜 넣습니다.

4. 반죽 위에 분량 외의 슈가파우더를 체에 내려 뿌립니다. 슈가파우더는 한 번 뿌린 뒤 반죽에 슈가파우더가 스며들면 다시 한 번 더 뿌리고, 160℃로 예열한 오븐에서 15분간 구워 쌀다쿠아즈를 만들고 식혀둡니다.

5. 볼에 다크초콜릿을 넣고 중탕으로 녹입니다.

6. 녹인 초콜릿에 푀요틴을 넣고 버무리듯 섞습니다.

7. 테프론시트 위에 초콜릿을 묻힌 푀요틴을 평평하게 펼친 다음 냉장고에서 30분간 굳혀 초콜릿 푀
   요틴을 만듭니다.

8. 볼에 생크림과 설탕을 넣고 80%로 휘핑한 다음, 산딸기퓨레를 넣고 잘 섞어 산딸기크림을 만듭니다.

9. 산딸기크림을 짤주머니에 담고 완전히 식힌 쌀다쿠아즈 가운데에 동그랗게 짜서 올립니다.

10. 산딸기와 초콜릿 푀요틴을 올려 데커레이션하면 산딸기 초코 쌀케이크가 완성됩니다.

GIANDUJA RICE
CHIFFON CAKE

잔두야 쌀 시폰케이크

잔두야는 초콜릿에 분쇄한 헤이즐넛을 첨가한 것으로, 우리에게 익숙한 누텔라와 맛이 흡사합니다. 촉촉한 시폰케이크와 고급스러운 잔두야의 조합으로 누구든지 한 번 맛을 보면 그 매력에 푹 빠지게 되는 케이크입니다.

🧋 **분량**

높은 미니 시폰케이크 틀(11cm) 2개

📺 **오븐**

170℃ 18분

🥄 **재료**

- **잔두야 쌀 시폰케이크**
  잔두야 초콜릿 70g, 물 35g, 포도씨유 20g, 달걀노른자 45g, 설탕A 15g, 박력쌀가루 55g, 달걀흰자 100g, 설탕B 20g
- **잔두야 글레이즈**
  잔두야 초콜릿 250g, 포도씨유 150g, 헤이즐넛 분태 75g

👨‍🍳 **미리 준비하기**

- 오븐은 170℃로 예열합니다.
- 달걀은 노른자와 흰자로 분리해 준비합니다.
- 달걀흰자는 냉장고에서 차갑게 보관한 후 사용합니다.

How To Make

1. 볼에 잔두야 초콜릿을 넣고 중탕으로 녹인 다음, 물과 포도씨유를 넣고 섞습니다.

2. 다른 볼에 달걀노른자와 설탕A를 넣고 뽀얀 색이 되도록 휘핑합니다.

3. 달걀노른자 반죽에 1번의 녹인 잔두야 초콜릿을 넣고 휘핑합니다.

4. 박력쌀가루를 체에 내려 넣고 날가루가 없도록 휘핑합니다.

5. 다른 볼에 달걀흰자를 넣고 설탕B를 세 번에 나눠 넣으며 휘핑하여 단단한 머랭을 만듭니다.

6. 4번의 반죽에 머랭을 1/3씩 세 번에 나눠 넣으며 머랭이 꺼지지 않도록 섞습니다.

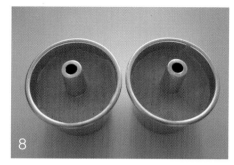
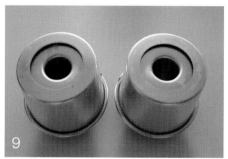

7. 시폰케이크 틀에 분무기를 사용하여 골고루 물을 뿌립니다. 물이 고여 있거나 흐르지 않도록 주의하고, 고여 있는 물은 틀을 뒤집어서 빼줍니다.

8. 두 개의 틀에 6번의 반죽을 80% 정도 채우고 꼬챙이를 이용해 지그재그로 저으며 반죽 속의 공기를 제거한 다음, 170℃로 예열한 오븐에서 18분간 굽습니다.

9. 다 구워진 쌀 시폰케이크는 오븐에서 꺼내자마자 바로 뒤집어서 완전히 식힙니다.

10. 완전히 식은 쌀 시폰케이크는 가장자리를 눌러가며 틀에서 분리하고, 냉동고에 4시간 정도 넣어둡니다.

11. 냄비에 잔두야 초콜릿과 포도씨유를 넣고 중탕으로 녹입니다. 녹인 초콜릿에 헤이즐넛 분태를 넣고 섞은 다음, 25℃가 될 때까지 식힙니다.

12. 냉동고에 보관했던 쌀 시폰케이크 위에 잔두야 글레이즈를 부으면 잔두야 쌀 시폰케이크가 완성됩니다.

CARAMEL MOCHA RICE CAKE

캐러멜 모카 쌀케이크

쌉싸름한 커피와 달콤한 캐러멜을 사용한 무스케이크입니다. 커피를 좋아하는 분이라면 케이크를 입에 넣었을 때 진하게 느껴지는 커피 맛에 기분이 좋아질 것입니다.

🥤 **분량**

높은 1호 무스링(15cm×7cm)

🍳 **재료**

- **쌀비스퀴**
  달걀흰자 90g, 설탕 75g, 달걀노른자 50g, 바닐라익스트랙 1/2ts, 박력쌀가루 55g, 전분 10g
- **커피시럽**
  물 50g, 설탕 25g, 깔루아(럼주) 1ts
- **커피무스**
  우유 60g, 인스턴트커피 3g, 달걀노른자 40g, 설탕 50g, 젤라틴 3g, 생크림 100g
- **캐러멜**
  설탕 100g, 물 30g, 생크림 120g
- **캐러멜무스**
  우유 60g, 달걀노른자 30g, 설탕 20g, 생크림 90g, 젤라틴 3g, 캐러멜 100g

📟 **오븐**

180℃ 10분

👨‍🍳 **미리 준비하기**

- 오븐은 180℃로 예열합니다.
- 커피무스, 캐러멜무스에 들어가는 젤라틴은 사용하기 20분 전에 찬물에 넣어 불립니다.
- 짤주머니에 1cm 원형 깍지를 끼워 준비합니다.
- 쌀비스퀴를 구울 유산지 뒷면에 15cm 원형 2개와 간격이 5cm 정도 떨어진 직선 2개를 수평으로 그려둡니다.

1. 볼에 달걀흰자를 넣고 풀다가 설탕을 세 번에 나눠 넣으며 휘핑하여 단단한 머랭을 만듭니다.

2. 머랭에 달걀노른자를 넣고 휘핑기로 골고루 섞다가 바닐라익스트랙을 넣고 섞습니다.

3. 박력쌀가루와 전분을 체에 내려 넣고, 날가루가 보이지 않도록 주걱으로 섞습니다.

4. 1cm 원형 깍지를 끼운 짤주머니에 반죽을 넣고 미리 작업해둔 유산지에 원형 2개와 5cm 길이의 직 선 여러 개를 짭니다. 반죽 위에 분량 외의 슈가파우더를 체에 내려 뿌리고, 슈가파우더가 스며들면 다시 한 번 더 뿌린 뒤, 180℃로 예열한 오븐에서 10분간 구워 쌀비스퀴를 만들고 식혀둡니다.

5. 냄비에 물과 설탕을 넣고 설탕이 녹을 때까지 끓입니다. 그다음 불에서 내려 깔루아(럼주)를 넣고 섞어 커피시럽을 만들고 식혀둡니다.

6. 다른 냄비에 우유를 붓고 냄비 가장자리가 바글거릴 때까지 끓인 뒤 인스턴트 커피를 넣고 녹입니다.

7. 볼에 달걀노른자와 설탕을 넣고 거품기로 잘 섞습니다.

8. 6번의 데운 커피우유를 조금씩 나눠 넣으며 섞습니다. 이때 달걀노른자가 익지 않도록 거품기로 휘핑하면서 섞습니다.

9. 8번을 다시 냄비에 붓고 바닥에 눌어붙지 않도록 저으면서 83℃가 될 때까지 끓입니다.

10. 83℃가 되면 냄비를 불에서 내린 다음, 미리 찬물에 불려둔 젤리틴을 넣어 녹이고 체에 내려 곱게 거릅니다.

11. 다른 볼에 생크림을 넣고 60%로 휘핑합니다.

12. 휘핑한 생크림에 10번을 넣고 주걱으로 섞어 커피무스를 만듭니다.

13. 무스링의 바닥이 될 부분을 랩으로 막은 뒤, 무스링 바닥에 원형 쌀비스퀴 한 장을 깔고 5번의 커피시럽을 바릅니다.

14. 12번의 커피무스를 쌀비스퀴 위에 붓고 윗면을 평평하게 만듭니다.

15. 커피무스 위에 남은 원형 쌀비스퀴 한 장을 올리고 냉장고에 넣어둡니다.

16. 냄비에 물과 설탕을 넣고 중불로 끓이다가 갈색으로 변하기 시작하면 불을 끕니다.

17. 생크림을 데운 뒤, 시럽을 주걱으로 저으면서 데운 생크림을 조금씩 나눠 넣으며 섞어 캐러멜을 만들고 식혀둡니다. 이때 뜨거운 시럽이 튀면 데일 수 있으니 생크림을 조심스럽게 넣습니다.

18. 볼에 달걀노른자와 설탕을 넣고 거품기로 섞습니다.

19. 우유를 데운 후 18번에 조금씩 나눠 넣으며 섞습니다. 이때 달걀노른자가 익지 않도록 거품기로 휘핑하면서 섞습니다.

20. 19번을 냄비에 붓고 바닥에 눌어붙지 않도록 저으면서 83℃까지 끓입니다.

21. 83℃가 되면 냄비를 불에서 내린 다음, 미리 찬물에 불려둔 젤라틴을 넣어 녹입니다.

22. 17번이 캐러멜을 넣고 섞은 뒤 체에 내려 곱게 거릅니다.

23. 다른 볼에 생크림을 넣고 60%로 휘핑합니다.

24. 휘핑한 생크림에 22번을 넣고 주걱으로 섞어 캐러멜무스를 만듭니다.

How To Make

25. 15번에서 굳힌 케이크를 꺼낸 뒤, 쌀비스퀴 위에 커피시럽을 바릅니다.

26. 24번의 캐러멜무스를 쌀비스퀴 위에 붓고 윗면을 평평하게 만든 뒤, 냉장고에 6시간 이상 넣어 굳힙니다.

27. 굳은 케이크 윗면을 남은 캐러멜로 데커레이션합니다.

28. 케이크 가장자리에 직선 쌀비스퀴를 둘러서 붙이면 캐러멜 모카 쌀케이크가 완성됩니다.

후르츠 치즈 쌀케이크

상큼한 과일과 부드러운 크림치즈를 듬뿍 넣어 쌀케이크를 만들었습니다.
신선한 제철과일을 사용하여 다양한 맛과 모양으로 만들 수 있기 때문에 매
번 새로운 케이크가 탄생합니다.

🫖 **분량**

높은 1호 케이크 틀(15cm×7cm)

📟 **오븐**

170℃ 25분

🥄 **재료**

- **쌀제누와즈**
  달걀흰자 130g, 설탕 70g, 달걀노른자 60g, 박
  력쌀가루 100g, 베이킹파우더 3g, 무염버터
  30g, 우유 35g, 바닐라익스트랙 1/2ts
- **시럽**
  물 50g, 설탕 25g, 꼬앵도르(럼주) 1ts
- **치즈크림**
  크림치즈 100g, 슈가파우더 40g, 생크림 200g
- **샹티크림**
  생크림 200g, 설탕 25g
- **충전물**
  과일

🍲 **미리 준비하기**

- 오븐은 170℃로 예열합니다.
- 케이크 틀에 유산지 까는 방법은 17페이지를 참
  고합니다.
- 쌀제누와즈에 들어가는 무염버터와 우유는 볼에
  넣고 중탕으로 녹여 준비합니다.
- 치즈크림에 들어가는 크림치즈는 실온에 1시간
  이상 보관하여 말랑한 상태로 준비합니다.
- 샹티크림에 들어가는 생크림은 냉장고에 보관하
  여 차가운 상태로 준비합니다.

How To Make

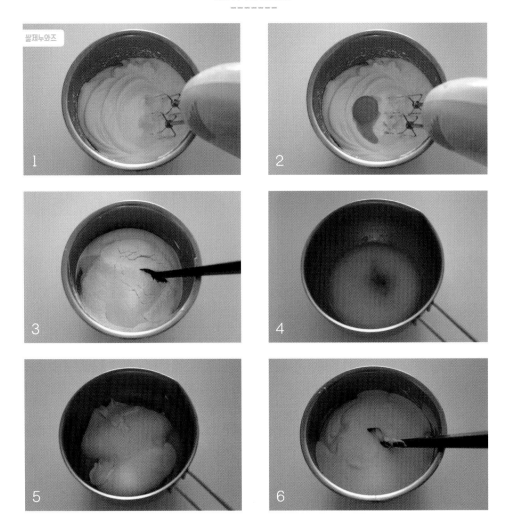

1. 볼에 달걀흰자를 넣고 풀다가 설탕을 세 번에 나눠 넣으며 휘핑하여 단단한 머랭을 만듭니다.

2. 머랭에 달걀노른자를 세 번에 나눠 넣으며 섞습니다.

3. 박력쌀가루와 베이킹파우더를 체에 내려 넣고 머랭이 꺼지지 않도록 주걱으로 가볍게 섞습니다.

4. 미리 녹여둔 무염버터+우유에 바닐라익스트랙을 넣고 섞습니다.

5. 3번의 반죽을 4번에 약간 넣고 분리되지 않도록 섞어 희생반죽을 만듭니다.

6. 희생반죽을 본반죽에 다시 붓고 분리되지 않도록 잘 섞습니다.

7. 미리 유산지를 깔아둔 팬에 반죽을 붓고 바닥에 가볍게 두 번 내리쳐 반죽 안에 있는 공기를 뺀 다음, 170℃로 예열한 오븐에서 25분간 구워 쌀제누와즈를 만들고 식혀둡니다.

8. 냄비에 물과 설탕을 넣고 설탕이 완전히 녹을 때까지 끓인 뒤 꼬앵도르를 넣어 시럽을 만듭니다. 꼬앵도르 대신 좋아하는 과일향 럼주를 사용해도 좋습니다.

9. 볼에 말랑한 크림치즈와 슈가파우더를 넣고 휘핑하여 크림화합니다.

10. 생크림을 조금씩 나눠 넣으며 휘핑하여 분리되지 않도록 골고루 섞어 치즈크림을 만듭니다.

11. 7번에서 충분히 식힌 쌀제누와즈를 일정한 두께로 3등분합니다.

12. 케이크 돌림판 위에 쌀제누와즈 한 장을 올리고 8번의 시럽을 촉촉하게 바릅니다.

13. 그 위에 치즈크림을 바르고 적당한 크기로 슬라이스한 과일을 올립니다.

14. 치즈크림을 과일 사이사이에 채워 넣으며 평평하게 만듭니다. 12~14번 과정을 한 번 더 반복합니다.

15. 다른 볼에 생크림과 설탕을 넣고 휘핑하여 샹티크림을 만듭니다.

16. 14번의 케이크 위에 마지막 쌀제누와즈 한 장을 올린 뒤 샹티크림으로 아이싱합니다.

17. 남은 샹티크림을 1cm 원형 깍지를 끼운 짤주머니에 넣어 테프론시트 위에 물방울무늬로 짜고 냉동고에 1시간 동안 넣어 얼립니다. 얼린 샹티크림을 케이크 윗면에 뒤집어서 올리고 테프론시트를 제거하면 후르츠 치즈 쌀케이크가 완성됩니다.

PART 03

CHIFFON CAKE
시폰케이크

GREEN TEA CHIFFON CAKE

녹차 시폰케이크

녹차의 쌉싸름한 맛을 즐기시는 분에게 강력 추천합니다. 촉촉하고 부드러운 시폰케이크에 녹차크림을 곁들여 말 그대로 녹차의 맛과 향을 온전히 느낄 수 있습니다.

🍵 **분량**

2호 시폰케이크 틀(18cm)

📟 **오븐**

170℃ 30분

🥄 **재료**

- **녹차 시폰케이크**
  달걀흰자 135g, 설탕A 55g, 달걀노른자 65g, 설탕B 23g, 물 55g, 포도씨유 45g, 박력분 55g, 녹차파우더 8g
- **녹차크림**
  생크림 200g, 설탕 20g, 녹차파우더 6g

👨‍🍳 **미리 준비하기**

- 오븐은 170℃로 예열합니다.
- 녹차 시폰케이크에 들어가는 달걀은 노른자와 흰자로 분리해 준비합니다.
- 녹차 시폰케이크의 달걀흰자와 녹차크림의 생크림은 냉장고에 넣어 차가운 상태로 사용합니다.
- 케이크에 아이싱하는 방법은 19페이지이 7번부터 참고합니다.

How To Make

1. 볼에 달걀흰자를 넣고 설탕A를 세 번에 나눠 넣으며 휘핑하여 단단한 머랭을 만듭니다.

2. 다른 볼에 달걀노른자와 설탕B를 넣고 뽀얀 색이 되도록 휘핑합니다.

3. 달걀노른자 반죽에 물과 포도씨유를 넣고 분리되지 않도록 잘 섞습니다.

4. 박력분과 녹차파우더를 체에 내려 넣고 날가루와 덩어리가 없도록 잘 섞습니다.

5. 4번의 녹차 반죽에 1번의 머랭을 1/3씩 세 번에 나눠 넣으며 머랭이 꺼지지 않도록 섞습니다.

6. 시폰케이크 틀에 분무기를 사용하여 골고루 물을 뿌립니다. 물이 고여 있거나 흐르지 않도록 주의
   하고, 고여 있는 물은 틀을 뒤집어서 빼줍니다.

7. 틀에 5번의 반죽을 붓고 꼬챙이를 이용해 지그재그로 저으며 반죽 속의 공기를 제거한 다음, 170℃로 예열한 오븐에서 30분간 굽습니다.

8. 다 구워진 시폰케이크는 오븐에서 꺼내자마자 바로 뒤집어서 완전히 식힙니다.

9. 볼에 생크림과 설탕을 넣어 휘핑한 뒤, 녹차파우더를 체에 내려 넣고 휘핑해 녹차크림을 만듭니다.

10. 완전히 시킨 케이크를 스패출러를 이용하여 틀에서 꺼냅니다.

11. 케이크의 울퉁불퉁한 면을 슬라이스해 평평하게 만듭니다.

12. 케이크를 돌림판 위에 올리고 9번의 녹차크림으로 아이싱하면 녹차 시폰케이크가 완성됩니다.

BEAN FLOUR
CHIFFON CAKE

콩가루 시폰케이크

폭신한 시폰케이크에 콩가루를 듬뿍 뿌려, 맛보는 사람마다 인절미 맛이 난다고 감탄하는 콩가루 시폰케이크입니다. 콩가루와 인절미를 좋아하시는 분이라면 이 시폰케이크에도 푹 빠지실 겁니다.

📖 분량
2호 시폰케이크 틀(18cm)

📺 오븐
170℃ 30분

🥄 재료
- **콩가루 시폰케이크**
  달걀흰자 135g, 설탕A 50g, 달걀노른자 65g, 설탕B 20g, 카놀라유 25g, 우유 50g, 박력분 40g, 콩가루 15g, 전분 10g
- **데커레이션**
  콩가루 30g, 슈가파우더 15g

👨‍🍳 미리 준비하기
- 오븐은 170℃로 예열합니다.
- 콩가루 시폰케이크에 들어가는 달걀은 노른자와 흰자로 분리해 준비합니다.
- 달걀흰자는 냉장고에서 차갑게 보관한 후 사용합니다.

How To Make

1. 볼에 달걀흰자를 넣고 설탕A를 세 번에 나눠 넣으며 휘핑하여 단단한 머랭을 만듭니다.

2. 다른 볼에 달걀노른자와 설탕B를 넣고 뽀얀 색이 되도록 거품기로 휘핑합니다.

3. 달걀노른자 반죽에 카놀라유와 우유를 넣고 분리되지 않도록 잘 섞습니다.

4. 박력분과 콩가루, 전분을 체에 내려 넣습니다.

5. 날가루와 덩어리가 보이지 않도록 잘 섞습니다.

6. 5번의 반죽에 1번의 머랭을 1/3씩 세 번에 나눠 넣으며 머랭이 꺼지지 않도록 섞습니다.

데커레이션

7. 시폰케이크 틀에 분무기를 사용하여 골고루 물을 뿌립니다. 물이 고여 있거나 흐르지 않도록 주의하고, 고여 있는 물은 틀을 뒤집어서 빼줍니다.

8. 틀에 6번의 반죽을 붓고 꼬챙이를 이용해 지그재그로 저으며 반죽 속의 공기를 제거한 다음, 170℃로 예열한 오븐에서 30분간 굽습니다.

9. 다 구워진 시폰케이크는 오븐에서 꺼내자마자 바로 뒤집어서 완전히 식힙니다.

10. 볼에 데커레이션용 콩가루와 슈가파우더를 넣고 섞습니다.

11. 완전히 식은 케이크를 틀에서 꺼내 울퉁불퉁한 면을 슬라이스해 정리한 뒤, 10번의 가루재료를 골고루 묻히면 콩가루 시폰케이크가 완성됩니다.

CRANBERRY YOGURT CHIFFON CAKE

크랜베리 요거트 시폰케이크

누구나 맛있게 즐길 수 있는 크랜베리 요거트 시폰케이크입니다. 촉촉한 시폰케이크 사이사이에 달콤상큼한 크랜베리가 쏙쏙 들어있어 씹는 맛과 재미를 더한 부담 없는 케이크입니다.

🥛 **분량**

2호 시폰케이크 틀(18cm)

📟 **오븐**

170℃ 30분

🥄 **재료**

• **크랜베리 요거트 시폰케이크**
  크랜베리 40g, 달걀흰자 135g, 설탕A 60g, 달걀노른자 65g, 설탕B 23g, 무가당 플레인요거트 95g, 포도씨유 28g, 박력분 65g

👨‍🍳 **미리 준비하기**

• 오븐은 170℃로 예열합니다.

• 달걀은 노른자와 흰자로 분리해 준비합니다.

• 달걀흰자와 생크림은 냉장고에 넣어 차가운 상태로 사용합니다.

How To Make

1. 크랜베리는 칼로 잘게 다져 준비합니다.

2. 볼에 달걀흰자를 넣고 설탕A를 세 번에 나눠 넣으며 휘핑하여 단단한 머랭을 만듭니다.

3. 다른 볼에 달걀노른자와 설탕B를 넣고 뽀얀 색이 되도록 휘핑합니다.

4. 달걀노른자 반죽에 무가당 플레인요거트와 포도씨유를 넣고 분리되지 않도록 잘 섞습니다.

5. 박력분을 체에 내려 넣고 날가루와 덩어리가 없도록 잘 섞습니다.

6. 5번의 반죽에 2번의 머랭을 1/3씩 세 번에 나눠 넣으며 머랭이 꺼지지 않도록 섞습니다.

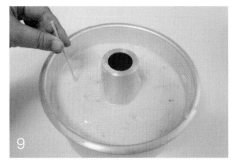

7. 1번에서 잘게 다진 크랜베리를 넣고 가볍게 섞습니다.

8. 시폰케이크 틀에 분무기를 사용하여 골고루 물을 뿌립니다. 물이 고여 있거나 흐르지 않도록 주의
   하고, 고여 있는 물은 틀을 뒤집어서 빼줍니다.

9. 틀에 7번의 반죽을 붓고 꼬챙이를 이용해 지그재그로 저으며 반죽 속의 공기를 제거한 다음,
   170℃로 예열한 오븐에서 30분간 굽습니다.

10. 다 구워진 시폰케이크는 오븐에서 꺼내자마자 바로 뒤집어서 완전히 식히면 크랜베리 요거트
    시폰케이크가 완성됩니다.

BLACK SESAME
CHIFFON CAKE

흑임자 시폰케이크

흑임자의 고소한 맛과 은은한 향이 시폰케이크와 잘 어울려 환상의 조화를 이루는 흑임자 시폰케이크입니다. 달지 않으면서도 고소해 어른들에게 안성 맞춤입니다.

분량
2호 시폰케이크 틀(18cm)

오븐
170℃ 30분

재료

- **흑임자 시폰케이크**
  달걀흰자 135g, 설탕A 55g, 달걀노른자 65g, 설탕B 25g, 물 40g, 포도씨유 20g, 박력분 60g, 흑임자가루 10g

- **흑임자크림**
  달걀노른자 38g, 설탕 42g, 물 15g, 바닐라익스트랙 1ts, 생크림 210g, 젤라틴 4g, 화이트초콜릿 40g, 흑임자가루 35g

미리 준비하기

- 오븐은 170℃로 예열합니다.

- 달걀은 노른자와 흰자로 분리해 준비합니다.

- 흑임자 시폰케이크에 들어가는 달걀흰자는 냉장고에서 차갑게 보관한 후 사용합니다.

- 흑임자크림에 들어가는 화이트초콜릿은 중탕으로 녹여 준비하고, 젤라틴은 사용하기 전에 찬물에 불린 뒤 중탕으로 녹여서 준비합니다.

How To Make

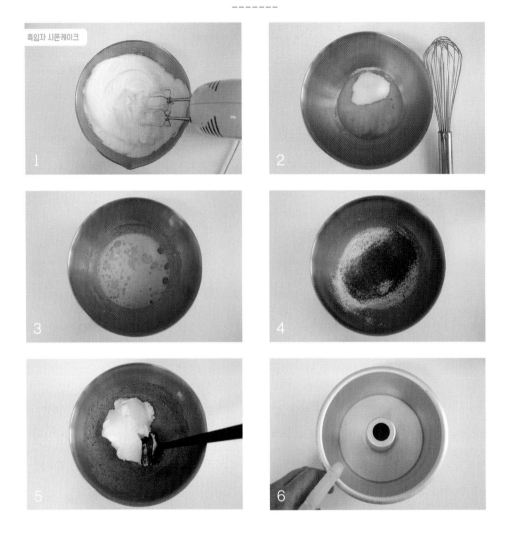

1. 볼에 달걀흰자를 넣고 설탕A를 세 번에 나눠 넣으며 휘핑하여 단단한 머랭을 만듭니다.

2. 다른 볼에 달걀노른자와 설탕B를 넣고 뽀얀 색이 되도록 휘핑합니다.

3. 달걀노른자 반죽에 물과 포도씨유를 넣고 분리되지 않도록 잘 섞습니다.

4. 박력분과 흑임자가루를 체에 내려 넣고 날가루와 덩어리가 없도록 잘 섞습니다.

5. 4번의 반죽에 1번의 머랭을 1/3씩 세 번에 나눠 넣으며 머랭이 꺼지지 않도록 섞습니다.

6. 시폰케이크 틀에 분무기를 사용하여 골고루 물을 뿌립니다. 물이 고여 있거나 흐르지 않도록 주의하고, 고여 있는 물은 틀을 뒤집어서 **빼줍니다**.

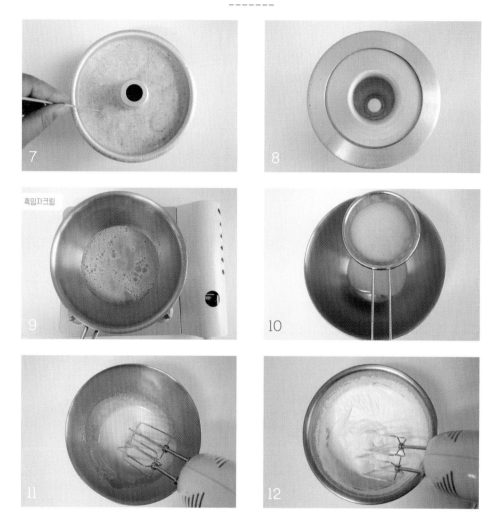

7. 틀에 5번의 반죽을 붓고 꼬챙이를 이용해 지그재그로 저으며 반죽 속의 공기를 제거한 다음, 170℃로 예열한 오븐에서 30분간 굽습니다.

8. 다 구워진 시폰케이크는 오븐에서 꺼내자마자 바로 뒤집어서 완전히 식힙니다.

9. 냄비에 달걀노른자와 설탕, 물, 바닐라익스트랙을 넣고 잘 섞은 뒤 83℃가 될 때까지 끓입니다.

10. 뜨거운 상태의 반죽을 체에 걸러 뭉친 달걀노른자를 제거합니다.

11. 반죽이 완전히 식으면 휘핑기를 이용해 뽀얗게 될 때까지 휘핑해 준비합니다.

12. 다른 볼에 생크림을 넣고 80%로 휘핑합니다.

How To Make

13. 11번의 달걀노른자 반죽에 미리 중탕으로 녹여둔 젤라틴과 화이트초콜릿을 넣고 빠르게 섞습니다.

14. 13번 반죽을 12번의 휘핑한 생크림에 넣고 분리되지 않도록 섞습니다.

15. 흑임자가루를 넣고 골고루 섞어 흑임자크림을 만듭니다.

16. 8번에서 완전히 식은 시폰케이크를 꺼낸 다음 울퉁불퉁한 면을 슬라이스해 정리합니다.

17. 시폰케이크 가운데로 크림이 흘러내리지 않도록 케이크 받침이나 유산지 등을 바닥에 깔아줍니다.

18. 그 위에 시폰케이크를 올리고 15번의 흑임자크림으로 아이싱하면 흑임자 시폰케이크가 완성됩니다.

EARL GREY
CHIFFON CAKE

얼그레이 시폰케이크

은은한 홍차 향이 입안을 즐겁게 해주는 케이크입니다. 촉촉한 얼그레이 시폰케이크 한 조각에 따뜻한 홍차를 곁들이면 바쁜 오후에 잠시나마 여유를 찾을 수 있을 것입니다.

분량

2호 시폰케이크 틀(18cm)

오븐

170℃ 30분

재료

- **홍차액**
  우유 120g, 얼그레이 6g
- **시폰케이크**
  달걀흰자 135g, 설탕A 60g, 달걀노른자 65g, 설탕B 23g, 홍차액 60g, 카놀라유 20g, 박력분 65g, 전분 10g
- **홍차크림**
  밀크초콜릿 40g, 홍차액 40g, 생크림 180g

미리 준비하기

- 오븐은 170℃로 예열합니다.
- 달걀은 노른자와 흰자로 분리해 준비합니다.
- 시폰케이크에 들어가는 달걀흰자는 냉장고에서 차갑게 보관한 후 사용합니다.
- 케이크에 아이싱하는 방법은 19페이지의 7번부터 참고합니다.

How To Make

1. 냄비에 우유와 얼그레이 홍차 잎 또는 티백을 넣고 끓여 홍차액을 만듭니다.

2. 진하게 우러난 홍차액을 체에 거른 뒤, 시폰케이크용 60g과 홍차크림용 40g으로 나눠 준비합니다.

3. 볼에 달걀흰자를 넣고 설탕A를 세 번에 나눠 넣으며 휘핑하여 단단한 머랭을 만듭니다.

4. 다른 볼에 달걀노른자와 설탕B를 넣고 뽀얀 색이 되도록 휘핑합니다.

5. 달걀노른자 반죽에 홍차액과 카놀라유를 넣고 분리되지 않도록 잘 섞습니다.

6. 박력분과 전분을 체에 내려 넣고 날가루와 덩어리가 없도록 잘 섞습니다.

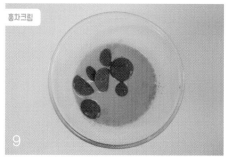

7. 6번의 홍차 반죽에 3번의 머랭을 1/3씩 세 번에 나눠 넣으며 머랭이 꺼지지 않도록 섞습니다.

8. 시폰케이크 틀에 분무기를 사용하여 골고루 물을 뿌린 다음 7번의 반죽을 붓고 꼬챙이를 이용해 지그재그로 저으며 반죽 속 공기를 제거합니다. 170℃로 예열한 오븐에서 30분간 구운 시폰케이크는 뒤집어서 완전히 식힙니다.

9. 볼에 밀크초콜릿과 따뜻하게 데운 홍차액을 넣고 초콜릿을 완전히 녹입니다. 잘 녹지 않을 경우에는 전자레인지를 사용해도 좋습니다.

10. 다른 볼에 생크림을 넣고 단단하게 휘핑한 다음 9번의 녹인 밀크초콜릿+홍차액을 넣어 휘핑해 홍차크림을 만듭니다.

11. 8번에서 완전히 식힌 시폰케이크를 틀에서 꺼낸 다음 울퉁불퉁한 면을 슬라이스해 정리합니다.

12. 깔끔하게 정리한 시폰케이크를 10번의 홍차크림으로 아이싱하면 얼그레이 시폰케이크가 완성됩니다.

MOCHA WALNUT CHIFFON CAKE

모카 호두 시폰케이크

진한 에스프레소와 호두를 넣어 시폰케이크를 만들어보았습니다. 은은하게 풍기는 커피 향과 고소하게 씹히는 호두는 시폰케이크의 품격을 높여주는 듯 합니다.

🥛 **분량**

2호 시폰케이크 틀(18cm)

📟 **오븐**

170℃ 30분

🥄 **재료**

- **모카 호두 시폰케이크**

  달걀흰자 140g, 설탕A 60g, 달걀노른자 70g, 설탕B 25g, 에스프레소 60g, 포도씨유 25g, 박력분 65g, 전분 10g, 다진 호두 40g

👨‍🍳 **미리 준비하기**

- 오븐은 170℃로 예열합니다.

- 달걀은 노른자와 흰자로 분리해 준비합니다.

- 달걀흰자는 냉장고에서 차갑게 보관한 후 사용합니다.

- 호두는 잘게 다지고 에스프레소 또는 진한 커피를 준비합니다.

How To Make

1. 볼에 달걀흰자를 넣고 설탕A를 세 번에 나눠 넣으며 휘핑하여 단단한 머랭을 만듭니다.

2. 다른 볼에 달걀노른자와 설탕B를 넣고 뽀얀 색이 되도록 휘핑합니다.

3. 달걀노른자 반죽에 에스프레소와 포도씨유를 넣고 분리되지 않도록 잘 섞습니다.

4. 박력분과 전분을 체에 내려 넣고 날가루와 덩어리가 없도록 잘 섞습니다.

5. 4번의 모카 반죽에 1번의 머랭을 1/3씩 세 번에 나눠 넣으며 머랭이 꺼지지 않도록 섞습니다.

6. 반죽에 다진 호두를 넣고 가볍게 섞습니다.

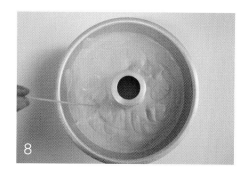

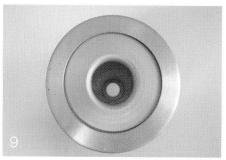

7. 시폰케이크 틀에 분무기를 사용하여 골고루 물을 뿌립니다. 물이 고여 있거나 흐르지 않도록 주의하고, 고여 있는 물은 틀을 뒤집어서 빼줍니다.

8. 틀에 6번의 반죽을 붓고 꼬챙이를 이용해 지그재그로 저으며 반죽 속의 공기를 제거한 다음, 170℃로 예열한 오븐에서 30분간 굽습니다.

9. 다 구워진 시폰케이크는 오븐에서 꺼내자마자 바로 뒤집어서 완전히 식힌 다음 꺼내면 모카 호두 시폰케이크가 완성됩니다.

MARRON
CHIFFON CAKE

마롱 시폰케이크

달콤한 밤의 은은한 풍미와 케이크 사이사이에 씹히는 보늬밤의 조화가 너무 맛있는 시폰케이크입니다. 가을철에 보늬밤을 잔뜩 만들어 놓았다가 촉촉한 시폰케이크를 만들 때 사용해보세요. 시폰케이크의 맛이 한층 더 업그레이드 된답니다.

📠 분량
2호 시폰케이크 틀(18cm)

📺 오븐
170℃ 30분

✎ 재료
- **마롱 시폰케이크**
  밤페이스트 50g, 물 60g, 달걀흰자 130g, 설탕 A 40g, 달걀노른자 60g, 설탕B 20g, 포도씨유 30g, 중력분 65g, 베이킹파우더 2g, 보늬밤 50g

♡ 미리 준비하기
- 오븐은 170℃로 예열합니다.
- 달걀은 노른자와 흰자로 분리해 준비합니다.
- 달걀흰자는 냉장고에서 차갑게 보관한 후 사용합니다.
- 보늬밤(밤조림)은 35페이지를 참고해 만들어도 좋고 시판용을 사용해도 좋습니다.

How To Make

1. 먼저 밤페이스트에 물을 붓고 골고루 섞어 페이스트를 풀어줍니다.

2. 볼에 달걀흰자를 넣고 설탕A를 세 번에 나눠 넣으며 휘핑하여 단단한 머랭을 만듭니다.

3. 다른 볼에 달걀노른자와 설탕B를 넣고 뽀얀 색이 되도록 휘핑합니다.

4. 달걀노른자 반죽에 1번의 밤페이스트+물과 포도씨유를 넣고 섞습니다.

5. 중력분과 베이킹파우더를 체에 내려 넣고 날가루와 덩어리가 없도록 잘 섞습니다.

6. 5번의 마롱 반죽에 2번의 머랭을 1/3씩 세 번에 나눠 넣으며 머랭이 꺼지지 않도록 섞습니다.

How To Make

7. 반죽에 보늬밤을 1cm 정도의 크기로 잘게 다져 넣고 가볍게 섞습니다.

8. 시폰케이크 틀에 분무기를 사용하여 골고루 물을 뿌립니다. 물이 고여 있거나 흐르지 않도록 주의하고, 고여 있는 물은 틀을 뒤집어서 빼줍니다.

9. 틀에 7번의 반죽을 붓고 꼬챙이를 이용해 지그재그로 저으며 반죽 속의 공기를 제거한 다음, 170℃로 예열한 오븐에서 30분간 굽습니다.

10. 다 구워진 시폰케이크는 오븐에서 꺼내자마자 바로 뒤집어서 완전히 식힌 다음 꺼내면 마롱 시폰케이크가 완성됩니다.

PART 04

POUND
CAKE

파운드케이크

WEEKEND

위크엔드

주말 나들이에 빠질 수 없을 정도로 너무 맛있어서 '주말에 먹는 케이크'라고 불리는 위크엔드입니다. 폭신한 파운드에 레몬아이싱으로 새콤달콤한 매력을 더했는데요. 이번 주말에는 위크엔드를 만들어 나들이를 떠나보는 것은 어떨까요.

🫖 **분량**

슬림 파운드 틀 2개

📟 **오븐**

165℃ 45분

🥄 **재료**

- **위크엔드시트**
  달걀 160g, 설탕 105g, 박력분 105g, 무염버터 100g, 레몬제스트 1개 분량, 레몬즙 70g
- **레몬아이싱**
  슈가파우더 100g, 레몬즙 1.5Tb
- **데커레이션**
  살구잼, 피스타치오 분태

👨‍🍳 **미리 준비하기**

- 오븐은 165℃로 예열합니다.
- 슬림 파운드 틀에 유산지 까는 방법은 16페이지를 참고합니다.
- 레몬을 깨끗하게 씻은 뒤 껍질은 강판이나 그라인더에 갈아 제스트를 만들고, 과육은 짜서 레몬즙을 만들어 준비합니다.

How To Make

1. 볼에 달걀과 설탕을 넣고 중탕하여 약 40℃까지 올립니다. 달걀이 익지 않도록 거품기로 가볍게 저으며 중탕합니다.

2. 40℃가 되면 불에서 내려 중탕한 달걀이 뽀얗게 될 때까지 휘핑합니다.

3. 휘핑기를 들었을 때 떨어진 반죽의 자국이 남았다가 3초 뒤에 사라질 정도로 휘핑합니다.

4. 박력분을 체에 내려 넣고 날가루가 보이지 않도록 가볍게 섞습니다.

5. 다른 볼에 무염버터와 레몬제스트, 레몬즙을 넣어 중탕으로 녹인 다음 따뜻한 상태로 유지합니다.

6. 무염버터+레몬에 4번의 반죽을 약간 넣고 분리되지 않도록 섞어 희생반죽을 만듭니다.

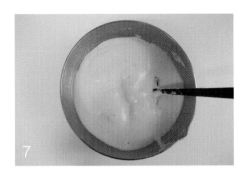
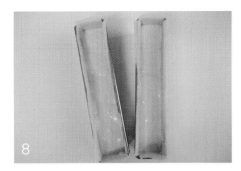

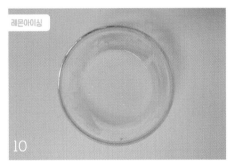

레몬아이싱

아이싱&데커레이션

7. 희생반죽을 본반죽에 다시 붓고 잘 섞습니다.

8. 미리 유산지를 깔아둔 파운드 틀에 반죽을 70%만 채워 넣고, 165℃로 예열한 오븐에서 45분간 구워 위크엔드시트를 만들고 식혀둡니다.

9. 완전히 식힌 위크엔드시트에 살구잼을 바르고 건조시킵니다. 살구잼은 바닥을 제외한 모든 면에 바르도록 합니다.

10. 슈가파우더에 레몬즙을 넣고 섞어 레몬아이싱을 만듭니다.

11. 살구잼을 발라 건조시킨 위크엔드시트 위에 레몬아이싱을 바릅니다.

12. 아이싱 위에 피스타치오 분태를 뿌려 데커레이션하면 위크엔드가 완성됩니다.

RASPBERRY
POUND CAKE

라즈베리 파운드케이크

상큼한 라즈베리잼과 루비초콜릿의 조화가 매력적인 라즈베리 파운드케이크
는 후식 디저트로 안성맞춤입니다. 진한 핑크빛의 루비초콜릿을 이용해 색소
없이 화려한 색감의 디저트를 만들어보았습니다.

분량

12구 미니 구겔호프 틀

오븐

170℃ 25분

재료

- **파운드케이크**
  무염버터 100g, 분당 80g, 아몬드가루 100g, 달
  걀노른자 30g, 달걀 30g, 우유 10g, 디종후람
  보아즈 1/2ts, 달걀흰자 60g, 설탕 22g, 박력분
  60g , 베이킹파우더 2g
- **라즈베리잼**
  실낭 65g, 펙틴 2g, 라즈베리퓨레 120g, 레논숍
  60g
- **글레이즈**
  루비초콜릿 250g, 포도씨유 100g

미리 준비하기

- 오븐은 170℃로 예열합니다.
- 미니 구겔호프 틀에 버터를 바르고 밀가루를 뿌
  려 준비합니다.
- 파운드케이크에 들어가는 무염버터는 실온에 1시
  간 이상 보관하여 말랑한 포마드 상태로 준비합
  니다.
- 라즈베리잼은 시판용을 사용해도 좋습니다.

How To Make

1. 볼에 실온의 말랑한 무염버터와 분당을 넣고 크림 상태가 되도록 휘핑합니다.

2. 크림화된 버터에 아몬드가루를 넣고 휘핑합니다.

3. 달걀노른자와 달걀을 조금씩 나눠 넣으며 서로 분리되지 않도록 휘핑합니다.

4. 우유와 디종후람보아즈를 넣고 휘핑합니다.

5. 다른 볼에 달걀흰자를 넣고 풀다가 설탕을 세 번에 나눠 넣으며 단단한 머랭을 만듭니다.

6. 4번의 반죽에 머랭 1/2을 넣고 머랭이 꺼지지 않도록 주걱으로 살살 섞습니다.

How To Make

7. 박력분과 베이킹파우더를 체에 내려 넣고 날가루가 보이지 않도록 골고루 섞습니다.

8. 남은 머랭을 모두 넣고 머랭이 꺼지지 않도록 살살 섞습니다.

9. 미리 버터를 발라둔 미니 구겔호프 틀에 반죽을 70% 정도 채운 뒤, 170℃로 예열한 오븐에서 25분
   간 구워 파운드케이크를 만듭니다.

10. 다 구운 파운드케이크는 틀에서 꺼내 한 김 식히고 밀봉한 뒤, 냉동실에 1시간 이상 넣어 차갑게
    준비합니다.

11. 작은 볼에 설탕과 펙틴을 넣고 섞습니다.

12. 냄비에 라즈베리퓨레와 레몬즙을 넣어 40℃가 될 때까지 끓입니다.

13. 라즈베리퓨레가 40℃가 되면 불을 끈 다음, 11번의 설탕+펙틴을 넣고 잘 섞어 라즈베리잼을 만들고 식혀둡니다.

14. 볼에 루비초콜릿과 포도씨유를 넣고 중탕으로 녹인 다음 25℃까지 식힙니다.

15. 10번에서 차갑게 보관해둔 파운드케이크 밑면에 꼬치를 꽂은 뒤 글레이즈에 담가 코팅합니다.

16. 13번에서 식혀둔 라즈베리잼을 짤주머니에 넣고 파운드케이크 가운데에 채우면 라즈베리 파운드 케이크가 완성됩니다.

BANANA
POUND CAKE

바나나 파운드케이크

집에 잘 익은 바나나가 있다면 바나나 파운드케이크를 만들어보는 건 어떨까
요? 한입 베어 물면 입안 가득 달콤한 바나나 향이 느껴져 기분이 좋아지는
파운드 케이크입니다.

📏 분량
8구 사각 실리콘 틀

📺 오븐
165℃ 25분

🥄 재료
- **바나나 파운드케이크**
  무염버터 160g, 황설탕 150g, 아몬드가루 65g,
  달걀 110g, 바닐라익스트랙 1/2ts, 박력분 130g,
  베이킹파우더 3g, 바나나 210g
- **크림치즈프로스팅**
  크림치즈 150g, 분당 50g, 마스카포네치즈 30g
- **데커레이션**
  바나나칩

🍮 미리 준비하기
- 오븐은 165℃로 예열합니다.
- 바나나 파운드케이크에 들어가는 무염버터와 크
  림치즈프로스팅에 들어가는 크림치즈, 마스카포
  네치즈는 실온에 1시간 이상 보관하여 말랑한 포
  마드 상태로 준비합니다.
- 바나나 파운드케이크에 들어가는 바나나는 덩어
  리가 없도록 으깨서 준비합니다.

How To Make

1. 볼에 실온의 말랑한 무염버터와 황설탕을 넣고 크림 상태가 되도록 휘핑합니다.
2. 휘핑하는 중간중간 주걱으로 볼 가장자리를 정리하면서 골고루 섞이도록 휘핑합니다.
3. 크림화된 버터에 아몬드가루를 넣고 섞습니다.
4. 달걀을 조금씩 나눠 넣으며 서로 분리되지 않도록 휘핑합니다.
5. 바닐라익스트랙을 넣고 섞습니다.
6. 박력분과 베이킹파우더를 체에 내려 넣고 날가루가 보이지 않도록 골고루 섞습니다.

7. 미리 으깨둔 바나나를 넣고 섞습니다.

8. 반죽을 짤주머니에 넣고 파운드 틀에 80% 정도 채운 뒤, 165℃로 예열한 오븐에서 25분간 구워 파운드케이크를 만듭니다.

9. 다 구운 바나나 파운드케이크는 한 김 식힌 뒤 틀에서 분리합니다.

10. 볼에 실온이 말랑한 크림치즈와 분당을 넣고 휘핑기로 부드럽게 크림화합니다.

11. 마스카포네치즈를 넣고 휘핑하여 크림치즈프로스팅을 만듭니다. 마스카포네치즈를 넣고 오래 휘핑할 경우 크림이 묽어질 수 있으니 주의합니다.

12. 9번의 바나나 파운드케이크를 11번의 크림치즈프로스팅으로 아이싱하고 바나나칩을 올리면 바나나 파운드케이크가 완성됩니다.

OREO
POUND CAKE

오레오 파운드케이크

오레오를 듬뿍 넣고 크림치즈필링을 곁들인 파운드케이크입니다. 한 조각으로는 멈출 수 없을 만큼 자꾸자꾸 손이 가는 마법 같은 케이크로 남녀노소 모두 즐길 수 있지만, 특히 아이들에게 인기 만점입니다.

 분량

인서트 튜브 파운드 틀(20cm)

오븐

165℃ 35분

재료

- **오레오 파운드케이크**
  무염버터 65g, 분당 48g, 아몬드가루 18g, 달걀 50g, 바닐라익스트랙 1/2ts, 박력분 60g, 베이킹 파우더 2g, 오레오 35g
- **크림치즈필링**
  크림치즈 100g, 분당 30g

미리 준비하기

- 오븐은 165℃로 예열합니다.
- 오레오 파운드케이크에 들어가는 오레오는 크림을 제거한 뒤 1~2cm 크기로 잘라서 준비합니다.
- 오레오 파운드케이크에 들어가는 무염버터는 실온에 1시간 이상 보관하여 말랑한 포마드 상태로 준비합니다.
- 파운드 틀 바닥에는 유산지를 깔고 옆면에는 버터를 바른 뒤 사용하기 전까지 냉장 보관합니다.

How To Make

1. 볼에 실온의 말랑한 무염버터와 분당을 넣고 크림 상태가 되도록 휘핑합니다.

2. 크림화된 버터에 아몬드가루를 넣고 섞습니다.

3. 달걀을 세 번에 나눠 넣으며 버터와 분리되지 않도록 충분히 휘핑합니다.

4. 바닐라익스트랙을 넣고 섞습니다.

5. 박력분과 베이킹파우더를 체에 내려 넣고 날가루가 보이지 않도록 주걱으로 섞습니다.

6. 반죽을 짤주머니에 넣고 미리 작업해둔 파운드 틀에 길게 한 줄씩 짜서 바닥면을 채웁니다. 가장자리에 빈 공간이 없도록 꼼꼼하게 채웁니다.

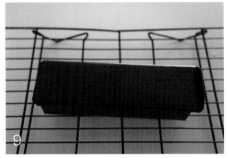

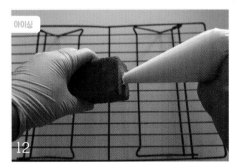

7. 미리 잘라둔 오레오를 6번에서 짜놓은 반죽 위에 간격을 조금씩 띄어서 올립니다.

8. 파운드 틀 중앙에 봉을 끼워 넣고 남은 반죽을 짠 뒤, 오레오를 올립니다. 그다음 파운드 틀 뚜껑을 닫고 165℃로 예열한 오븐에서 35분간 굽습니다.

9. 다 구운 파운드케이크는 오븐에서 꺼내 바닥에 가볍게 내리친 뒤 그대로 두어 식힙니다.

10. 오레오 파운드케이크가 다 식으면 틀 중앙의 봉을 살살 돌려가며 빼내고 케이크를 틀에서 분리합니다.

11. 볼에 실온의 말랑한 크림치즈와 분당을 넣고 휘핑기로 부드럽게 섞어 크림치즈필링을 만듭니다.

12. 크림치즈필링을 짤주머니에 넣고 케이크 가운데에 짜넣으면 오레오 파운드케이크가 완성됩니다. 일반 파운드 틀을 사용해 만든 경우 크림치즈필링은 케이크 윗면에 아이싱해 완성합니다.

COCONUT POUND CAKE

코코넛 파운드케이크

입안에서 은은하게 퍼지는 코코넛 향은 어떤 베이킹이든 고급스럽게 만들어
줍니다. 부드럽고 촉촉한 파운드케이크에 달콤하고 풍미 있는 코코넛을 더해
파운드케이크를 만들어 보았습니다.

🥛 **분량**

파운드 틀(18cm)

📟 **오븐**

170℃ 10분+25분

🥄 **재료**

- **코코넛 파운드케이크**
  무염버터 95g, 분당 68g, 아몬드가루 43g, 달
  걀노른자 40g, 우유 20g, 달걀흰자 55g, 설탕
  20g, 박력분 43g, 코코넛가루 43g
- **코코넛시럽**
  물 80g, 설탕 40g, 말리부 10g
- **글레이즈**
  화이트초콜릿(이보아르) 80g, 포도씨유 10g
- **데커레이션**
  코코넛가루

👨‍🍳 **미리 준비하기**

- 오븐은 170℃로 예열합니다.
- 코코넛 파운드케이크에 들어가는 박력분은 체에
  내려 준비하고, 무염버터는 실온에 1시간 이상
  보관하여 말랑한 포마드 상태로 준비합니다.
- 파운드 틀 바닥에는 유산지를 깔고 옆면에는 버
  터를 바른 뒤 사용하기 전까지 냉장 보관합니다.

How To Make

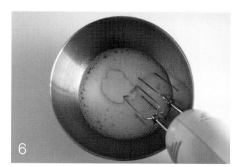

1. 볼에 실온의 말랑한 무염버터와 분당을 넣고 크림 상태가 되도록 휘핑합니다.

2. 크림화된 버터에 아몬드가루를 넣고 휘핑합니다.

3. 휘핑하는 중간중간 주걱으로 볼 가장자리를 정리하면서 골고루 섞이도록 휘핑합니다.

4. 달걀노른자를 세 번에 나눠 넣으며 반죽과 분리되지 않도록 휘핑합니다.

5. 우유를 두 번에 나눠 넣으며 반죽과 분리되지 않도록 휘핑합니다.

6. 다른 볼에 달걀흰자를 넣고 풀다가 설탕을 세 번에 나눠 넣으며 휘핑하여 단단한 머랭을 만듭니다.

7. 5번의 반죽에 머랭의 1/2을 넣고 머랭이 꺼지지 않도록 주걱으로 살살 섞습니다.

8. 미리 체에 내려둔 박력분과 코코넛가루를 넣고 날가루가 보이지 않도록 섞습니다.

9. 남은 머랭을 모두 넣고 머랭이 꺼지지 않도록 살살 섞습니다.

10. 유산지를 깔아 냉장 보관한 파운드 틀에 반죽을 채운 뒤 윗면을 가운데가 들어간 U자 모양으로 정리하고 170℃로 예열한 오븐에서 10분간 굽습니다

11. 10분간 구운 케이크를 오븐에서 꺼내 가운데에 길게 칼집을 낸 뒤, 25분간 더 구워 코코넛 파운드 케이크를 만들고 따뜻할 정도로만 식혀둡니다. 가운데에 칼집을 내면 윗면이 예쁘게 터집니다.

12. 냄비에 물과 설탕을 넣고 설탕이 완전히 녹을 때까지 끓인 다음 말리부를 섞어 코코넛시럽을 만듭니다.

How To Make

13. 코코넛시럽을 11번에서 식혀둔 코코넛 파운드케이크의 모든 면에 골고루 바릅니다.

14. 볼에 화이트초콜릿을 넣고 중탕으로 녹인 다음 포도씨유를 넣고 섞어 글레이즈를 만듭니다.

15. 글레이즈를 13번의 코코넛 파운드케이크 바닥면을 제외한 모든 면에 골고루 바릅니다.

16. 코코넛가루를 글레이즈를 코팅한 면에 골고루 묻히면 코코넛 파운드케이크가 완성됩니다.

PART 05

CHEESE CAKE

치즈케이크

NEWYORK
CHEESE CAKE

뉴욕 치즈케이크

진한 치즈의 풍미로 뉴욕을 대표하는 베이킹 중 하나로 손꼽히는 뉴욕 치즈 케이크입니다. 중탕으로 찌듯이 구워 부드럽고 촉촉한 맛 때문에 여성들의 사랑을 한몸에 받고 있습니다.

 분량

2호 케이크 틀(18cm)

오븐

160℃ 80분

재료

- **케이크시트**
  다이제쿠키 140g, 녹인 버터 70g
- **치즈케이크**
  크림치즈 400g, 설탕 140g, 달걀 2개(110g), 바닐라익스트랙 1ts, 무가당 플레인요거트 130g, 생크림 60g, 레몬즙 1ts, 옥수수전분 25g
- **데커레이션**
  나파주

미리 준비하기

- 오븐은 160℃로 예열합니다.
- 치즈케이크에 들어가는 크림치즈는 실온에 1시간 이상 보관하여 말랑한 상태로 준비합니다.
- 케이크 틀에 테프론시트나 유산지 까는 방법은 17페이지를 참고합니다.

How To Make

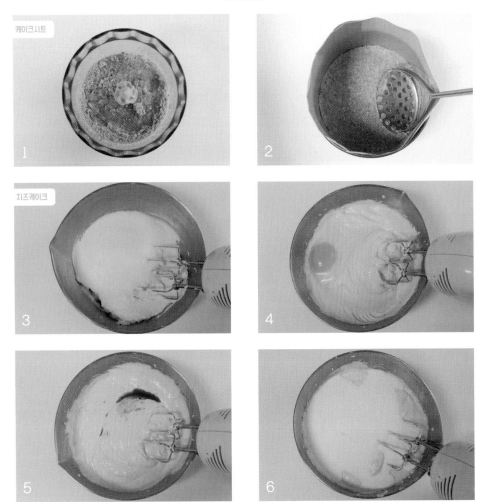

1. 다이제쿠키를 푸드 프로세서로 잘게 다지거나 비닐에 넣고 밀대로 밀어 가루로 만든 다음, 녹인 버터를 넣고 잘 섞습니다.

2. 1번의 쿠키 반죽을 테프론시트나 유산지를 깐 케이크 틀에 넣고 꾹꾹 눌러 평평하게 깔아준 뒤, 냉장고에 30분 정도 넣어 케이크시트를 만듭니다.

3. 볼에 실온의 말랑한 크림치즈를 넣고 휘핑하여 부드럽게 크림화한 다음, 설탕을 넣고 잘 섞습니다.

4. 달걀을 한 개씩 넣고 크림치즈와 분리되지 않도록 충분히 휘핑합니다.

5. 달걀과 크림치즈가 잘 섞이면 바닐라익스트랙을 넣고 섞습니다.

6. 무가당 플레인요거트와 생크림, 레몬즙을 넣고 잘 섞습니다.

데커레이션

7. 옥수수전분을 체에 내려 넣고 날가루와 덩어리가 없도록 잘 섞습니다.

8. 2번에서 냉장고에 보관했던 케이크시트를 꺼내 7번의 반죽을 붓습니다.

9. 뜨거운 물이 담긴 오븐 팬 위에 8번을 올리고, 160℃로 예열한 오븐에서 중탕으로 80분간 굽습니다. 굽는 도중 오븐 팬의 물이 모두 졸아들면 뜨거운 물을 보충하면서 굽습니다.

10. 다 구운 케이크는 오븐에서 꺼내 한 김 식히고 냉장고에서 바나절 정도 부과한 뒤 틀에서 분리합니다.

11. 마지막으로 나파주를 발라 윤기를 더하면 뉴욕 치즈케이크가 완성됩니다.

SWEET PUMPKIN
SOUFFLE CHEESE CAKE

단호박 수플레 치즈케이크

단호박에 은은한 계피 향이 풍기는 색다른 맛의 단호박 수플레 치즈케이크입니다. 머랭을 사용해 폭신하게 부풀어 오른 수플레 치즈케이크는 맛은 물론 특유의 자르는 소리까지 기분 좋은 케이크입니다.

 분량

1호 케이크 틀(15cm)

오븐

150℃ 50분

재료

- **케이크시트**
  제누와즈(p.28) 슬라이스 1장
- **단호박 수플레 치즈케이크**
  크림치즈 200g, 설탕 40g, 달걀노른자 30g, 단호박 140g, 무가당 플레인요거트 50g, 계피가루 1/2ts, 박력분 15g, 달걀흰자 70g, 슈가파우더 40g
- **데커레이션**
  나파주

미리 준비하기

- 오븐은 150℃로 예열합니다.
- 케이크 틀에 테프론시트나 유산지 까는 방법은 17페이지를 참고합니다.
- 케이크시트가 될 제누와즈는 28페이지를 참고하여 만든 후 슬라이스해서 준비합니다.
- 단호박 수플레 치즈케이크에 들어가는 단호박은 찜기나 전자레인지로 찐 뒤에 체로 곱게 으깨서 준비하고, 크림치즈는 실온에 1시간 이상 보관하여 말랑한 상태로 준비합니다.

How To Make

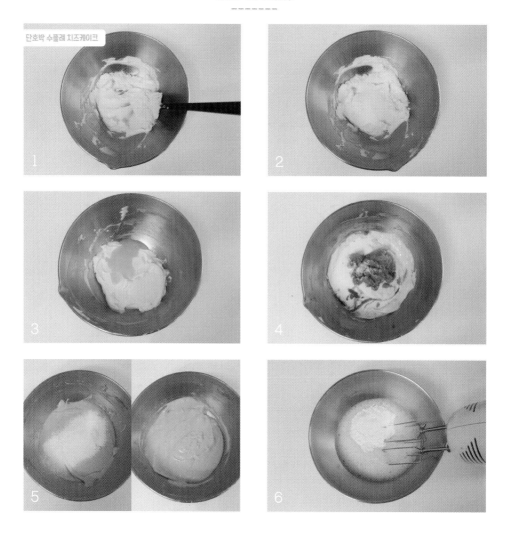

1. 볼에 실온의 말랑한 크림치즈를 넣고 주걱으로 섞으면서 부드럽게 크림화합니다.

2. 크림치즈에 설탕을 넣고 섞습니다.

3. 달걀노른자를 조금씩 나눠 넣으며 크림치즈와 분리되지 않도록 휘핑기로 충분히 섞습니다.

4. 미리 으깬 단호박과 무가당 플레인요거트, 계피가루를 넣고 잘 섞습니다.

5. 박력분을 체에 내려 넣고 날가루와 덩어리가 없도록 잘 섞습니다.

6. 다른 볼에 달걀흰자와 슈가파우더를 넣고 휘핑해 머랭을 만듭니다.

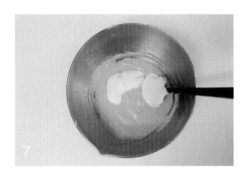

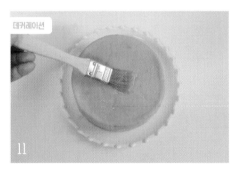

7. 5번의 단호박 반죽에 6번의 머랭을 1/3씩 세 번에 나눠 넣으며 머랭이 꺼지지 않도록 섞습니다.

8. 테프론시트나 유산지를 깐 케이크 틀에 케이크시트용 제누와즈를 깝니다.

9. 제누와즈 위에 7번의 반죽을 부은 뒤 케이크 틀을 뜨거운 물이 담긴 오븐 팬 위에 올리고, 150℃로 예열한 오븐에서 중탕으로 50분간 굽습니다. 굽는 도중 오븐 팬의 물이 모두 졸아들면 뜨거운 물을 보충하면서 굽습니다.

10. 다 구운 케이크는 오븐에서 꺼내 완전히 식히고 냉장고에 넣어 차갑게 만든 뒤 틀에서 분리합니다.

11. 마지막으로 나파주를 발라 윤기를 더하면 단호박 수플레 치즈케이크가 완성됩니다.

RARE
CHEESE CAKE

레어 치즈케이크

오븐에 굽지 않아 오븐이 없는 분들도 쉽게 만들 수 있는 레어 치즈케이크입니다. 다크체리를 넣어 더욱 맛있고 씹는 재미까지 더한 레어 치즈케이크는 바닐라빈이 콕콕 박힌 샹티크림과 너무 잘 어울립니다.

 분량

1호 무스링(15cm)

재료

- **케이크시트**
  제누와즈(p.28) 슬라이스 1장
- **레어 치즈**
  달걀노른자 20g, 설탕 50g, 우유 65g, 젤라틴 5g, 바닐라익스트랙 1/2ts, 크림치즈 200g, 생크림 120g
- **바닐라 샹티크림**
  생크림 150g, 설탕 15g, 바닐라빈페이스트(바닐라빈) 1/2ts, 젤라틴 1g(판젤라틴 1/2개)
- **충전물**
  다크체리통조림

미리 준비하기

- 케이크시트가 될 제누와즈는 28페이지를 참고하여 만든 후 슬라이스해서 준비합니다.
- 레어 치즈에 들어가는 크림치즈는 실온에 1시간 이상 보관하여 말랑한 상태로 준비합니다.
- 다크체리통조림의 다크체리는 시럽이 흐르지 않도록 키친타월 등으로 수분을 제거합니다.

How To Make

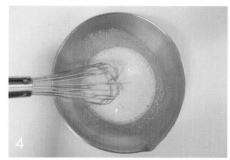

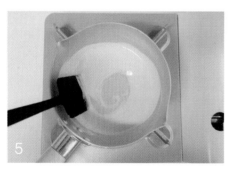

1. 케이크를 만들기 전에 젤라틴을 찬물에 넣어 불려둡니다.

2. 볼에 달걀노른자와 설탕을 넣고 거품기로 잘 섞습니다.

3. 냄비에 우유를 붓고 냄비 가장자리가 바글거릴 때까지 끓입니다.

4. 2번의 달걀노른자 반죽에 3번의 데운 우유를 조금씩 나눠 넣으며 섞습니다. 이때 달걀노른자가 익지 않도록 거품기로 휘핑하면서 섞습니다.

5. 4번의 반죽을 냄비에 다시 붓고 83℃가 될 때까지 계속 저으며 끓입니다.

6. 따뜻한 상태의 반죽에 1번에서 미리 불려둔 젤라틴을 넣고 녹입니다.

7. 젤라틴이 완전히 녹으면 바닐라익스트랙을 넣고 섞습니다.

8. 볼에 실온의 말랑한 크림치즈를 넣고 주걱으로 가볍게 풀어줍니다.

9. 크림치즈에 7번의 반죽을 조금씩 나눠 넣으며 서로 분리되지 않도록 휘핑기로 잘 섞습니다.

10. 다른 볼에 생크림을 넣고 60%로 휘핑한 다음 9번 반죽에 넣고 섞어 레어 치즈를 만듭니다.

11. 무스링이 바닥이 된 부분은 랩으로 막습니다.

12. 랩으로 막은 무스링 바닥에 제누와즈를 깔고 수분을 제거한 다크체리를 올립니다.

13. 10번의 레어 치즈를 체리 사이사이에 꼼꼼히 채우고 나머지를 모두 부어 평평하게 만든 다음, 냉장고에 넣어 1시간 이상 굳힙니다.

14. 바닐라 샹티크림에 들어갈 젤라틴을 불린 다음 중탕으로 녹입니다.

15. 볼에 생크림과 설탕을 넣고 휘핑한 다음, 바닐라빈페이스트와 14번의 녹인 젤라틴을 넣고 섞어 바닐라 샹티크림을 만듭니다.

16. 13번에서 굳힌 케이크 위에 15번의 바닐라 샹티크림을 올리고 다시 냉장고에 넣어 1시간 이상 굳힌 뒤, 틀에서 분리하면 레어 치즈케이크가 완성됩니다.

| TIRAMISU

티라미수

'나를 끌어올린다'라는 의미를 가지고 있는 티라미수는 그 의미 그대로 한 입만 먹어도 기분이 좋아지는 케이크입니다. 부드러운 마스카포네치즈와 커피시럽을 촉촉하게 머금은 케이크시트의 환상적인 궁합으로 입에 넣는 순간 행복이 가득 느껴집니다.

🍶 분량
높은 1호 무스링(15cm×7cm)

📺 오븐
180℃ 25분

🥄 재료
- **제누와즈(p.28)**
  달걀 180g, 설탕 90g, 박력분 93g, 우유 27g, 버터 20g, 바닐라익스트랙 1/2ts
- **티라미수무스**
  달걀노른자 4개(65g), 설탕 70g, 젤라틴 5g, 마스카포네치즈 250g, 생크림 250g
- **커피시럽**
  뜨거운 물 200g, 인스턴트커피 3Tb, 설탕 30g, 깔루아 1Tb
- **데커레이션**
  카카오파우더(코코아파우더)

🍥 미리 준비하기
- 오븐은 180℃로 예열합니다.
- 케이크시트가 될 제누와즈는 28페이지를 참고하여 만듭니다.
- 티라미수무스에 들어가는 마스카포네치즈는 실온에 1시간 이상 보관하여 말랑한 상태로 준비합니다.

How To Make

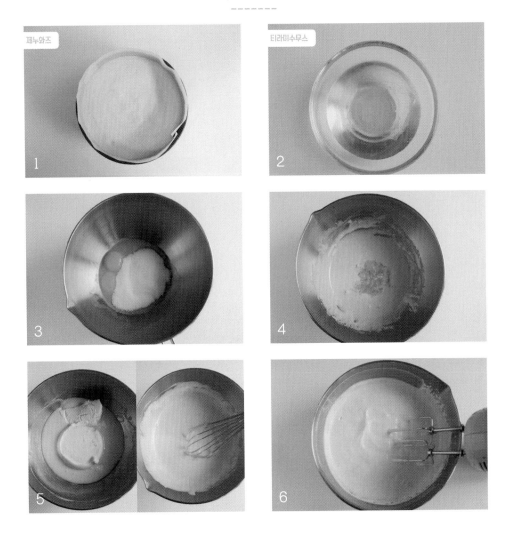

1. 가이드의 28페이지를 참고해 제누와즈를 만든 다음 180℃로 예열한 오븐에서 25분간 구워 식힙니다.

2. 티라미수무스에 들어가는 젤라틴은 찬물에 넣어 불려둡니다.

3. 볼에 달걀노른자와 설탕을 넣고 중탕하면서 뽀얀 색이 되도록 휘핑합니다. 달걀을 살균하는 과정입니다.

4. 2번에서 불려둔 젤라틴의 물기를 제거한 다음 따뜻한 상태의 달걀노른자 반죽에 넣고 녹입니다. 만약 젤라틴이 녹지 않을 경우 중탕하면서 녹여도 좋습니다.

5. 실온의 말랑한 마스카포네치즈를 넣고 뭉친 것이 없도록 잘 섞습니다.

6. 다른 볼에 생크림을 넣고 60%로 휘핑합니다.

7. 5번의 반죽에 6번의 휘핑한 생크림을 넣고 섞어 티라미수무스를 만듭니다.

8. 작은 볼에 뜨거운 물과 인스턴트커피, 설탕, 깔루아를 넣고 섞어 커피시럽을 만듭니다.

9. 1번에서 구워 식힌 제누와즈를 2등분합니다. 그중 한 장은 테두리를 잘라 더 작은 사이즈의 원형으로 만듭니다.

10. 무스링이 바닥이 될 부분을 랩으로 막습니다.

11. 랩으로 막은 무스링 바닥에 큰 사이즈의 제누와즈를 깔고 8번의 커피시럽을 촉촉하게 바릅니다.

12. 그 위에 7번의 티라미수무스를 1/3 정도 올려 펴 바릅니다.

데커레이션

13. 작은 사이즈의 제누와즈를 티라미수무스의 한가운데에 올립니다.

14. 11번과 마찬가지로 제누와즈 위에 커피시럽을 촉촉하게 바릅니다.

15. 남은 티라미수무스를 무스링 안에 채워 넣고 윗면을 평평하게 정리한 다음, 냉장고에 4시간 이상
    넣어 굳힙니다.

16. 굳은 티라미수 윗면에 카카오파우더를 체에 내려 뿌리고 틀에서 분리하면 티라미수가 완성됩니다.

BLUEBERRY
CHEESE CAKE

블루베리 치즈케이크

크림치즈와 마스카포네치즈로 부드러운 치즈케이크를 만들고, 스트로이젤로
바삭바삭 씹는 재미를 살렸습니다. 여기에 블루베리까지 더해 먹는 내내 즐
거움이 가득한 블루베리 치즈케이크입니다.

🥛 분량
2호 무스링(18cm)

✏️ 재료
- **파트슈크레**
  버터 45g, 슈가파우더 28g, 달걀 18g, 박력분
  80g
- **스트로이젤**
  버터 45g, 아몬드가루 25g, 박력분 35g, 강력분
  20g, 설탕 30g, 황설탕 8g, 소금 1꼬집
- **크림치즈필링**
  크림치즈 250g, 마스카포네치즈 150g, 설탕
  140g, 레몬즙 1ts, 달걀 1개, 박력분 10g, 옥수수
  전분 15g, 블루베리 100g

📺 오븐
파트슈크레 175℃ 13분
블루베리 치즈케이크 160℃ 1시간

👨‍🍳 미리 준비하기
- 오븐은 맨 처음 175℃로 예열해 파트슈크레를 굽
  고, 160℃로 내려 치즈케이크를 굽습니다.
- 파트슈크레에 들어가는 버터와 크림치즈필링에 들
  어가는 크림치즈, 마스카포네치즈는 실온에 1시간
  이상 보관하여 말랑한 상태로 준비합니다.
- 파트슈크레와 크림치즈필링에 들어가는 달걀은
  미리 실온에 꺼내두어 실온 상태로 사용합니다.
- 스트로이젤에 들어가는 버터와 아몬드가루, 박
  력분, 강력분은 냉장고에 30분 이상 두어 차가운
  상태로 사용합니다.

How To Make

1. 볼에 실온의 말랑한 버터와 슈가파우더를 넣고 거품기로 잘 섞습니다.

2. 달걀을 넣고 버터와 분리되지 않도록 잘 섞습니다.

3. 박력분을 넣은 다음 날가루가 보이지 않고 한 덩어리가 될 때까지 주걱으로 섞습니다.

4. 위생봉투에 반죽을 넣고 납작하게 펴 냉장고에서 1시간 이상 휴지시킵니다.

5. 휴지시킨 반죽을 밀대를 이용해 균일한 두께로 밀어 무스링보다 약간 크게 만듭니다.

6. 무스링 크기에 맞게 반죽을 자르고 굽는 동안 반죽이 부풀지 않도록 포크로 찍어 구멍을 냅니다.
   그다음 175℃로 예열한 오븐에서 13분간 구워 파트슈크레를 만들고 식혀둡니다.

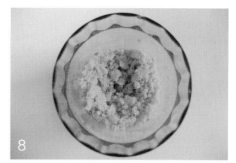

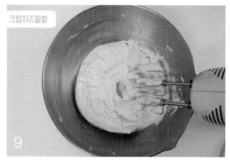

7. 푸드 프로세서에 차갑게 냉장보관한 아몬드가루, 박력분, 강력분과 설탕, 황설탕, 소금을 넣고 버터는 깍둑썰기해서 넣습니다.

8. 재료를 다 넣은 다음 푸드 프로세서를 짧게 끊어가며 섞어 스트로이젤 반죽을 만든 다음 냉장고에 넣어둡니다.

9. 볼에 실온의 말랑한 크림치즈와 마스카포네치즈를 넣고 휘핑기로 부드럽게 크림화합니다

10. 크림화한 치즈에 설탕을 넣고 섞은 다음, 레몬즙을 넣고 섞습니다.

11. 달걀을 넣고 치즈와 분리되지 않도록 잘 섞습니다.

12. 박력분과 옥수수전분을 체에 내려 넣고 날가루와 덩어리가 없도록 섞습니다.

블루베리 치즈케이크

13. 블루베리를 넣고 가볍게 섞어 크림치즈필링을 만듭니다.

14. 무스링에 테프론시트를 두른 다음 6번에서 만든 파트슈크레를 넣습니다.

15. 파트슈크레 위에 13번의 크림치즈필링을 넣고 평평하게 폅니다.

16. 그 위에 8번에서 차갑게 보관한 스트로이젤 반죽을 골고루 흩뿌린 뒤, 160℃로 예열한 오븐에서 1시간 동안 구운 다음 식히면 블루베리 치즈케이크가 완성됩니다.

RASPBERRY
CHEESE CAKE

라즈베리 치즈케이크

자칫 느끼할 수도 있는 치즈케이크에 라즈베리를 넣어 새콤달콤한 맛으로 입맛을 당기는 치즈케이크입니다. 분홍빛 치즈무스가 라즈베리 치즈케이크를 더욱 특별하게 만들어줍니다.

 분량

2호 케이크 틀(18cm)

오븐

160℃ 1시간

재료

- **케이크시트**
  다이제쿠키 120g, 녹인 버터 60g
- **라즈베리필링**
  라즈베리퓨레 40g, 설탕 10g
- **치즈케이크**
  크림치즈 280g, 사워크림 90g, 설탕 100g, 달걀 77g, 생크림 40g, 바닐라익스트랙 1/2ts, 옥수수전분 17g
- **라즈베리 치즈무스**
  크림치즈 150g, 사워크림 60g, 설탕 40g, 라즈베리퓨레 50g, 젤라틴 4g, 생크림 60g

미리 준비하기

- 오븐은 160℃로 예열합니다.
- 케이크 틀에 테프론시트나 유산지 까는 방법은 17페이지를 참고합니다.
- 치즈케이크와 라즈베리 치즈무스에 들어가는 크림치즈와 사워크림은 실온에 1시간 이상 보관하여 말랑한 상태로 준비합니다.
- 라즈베리 치즈무스에 들어가는 젤라틴은 미리 찬물에 불려둡니다.

How To Make

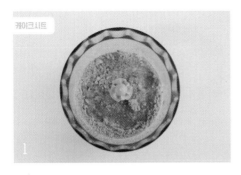

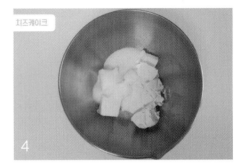

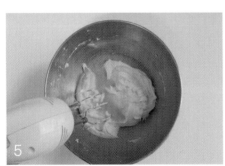

1. 다이제쿠키를 푸드 프로세서로 잘게 다지거나 비닐에 넣고 밀대로 밀어 가루로 만든 다음, 녹인 버터를 넣고 잘 섞습니다.

2. 1번의 쿠키 반죽을 테프론시트나 유산지를 깐 케이크 틀에 넣고 꾹꾹 눌러 평평하게 깔아준 뒤, 냉장고에 30분 정도 넣어 케이크시트를 만듭니다.

3. 냄비에 라즈베리퓨레와 설탕을 넣고 설탕이 녹을 때까지 끓인 뒤 식혀 라즈베리필링을 만듭니다.

4. 볼에 실온의 말랑한 크림치즈와 사워크림, 설탕을 넣고 휘핑기로 부드럽게 크림화합니다.

5. 달걀을 조금씩 나눠 넣으며 서로 분리되지 않도록 휘핑합니다.

6. 생크림과 바닐라익스트랙을 넣고 잘 섞습니다.

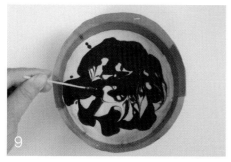

라즈베리 치즈무스

7. 옥수수전분을 넣고 날가루와 덩어리가 없도록 골고루 섞습니다.

8. 2번에서 냉장고에 보관했던 케이크시트를 꺼내 7번의 치즈 반죽을 평평하게 붓습니다.

9. 3번의 라즈베리필링을 반죽 위에 숟가락으로 드문드문 올린 뒤 꼬챙이로 살살 휘저어 모양을 냅니다.

10. 뜨거운 물이 담긴 오븐 팬 위에 9번을 올리고, 160℃로 예열한 오븐에서 중탕으로 1시간 동안 굽습니다. 굽는 도중 오븐 팬의 물이 모두 졸아들면 뜨거운 물을 보충하면서 굽습니다.

11. 다 구운 케이크는 오븐에서 꺼내 완전히 식힌 뒤, 냉장고에 반나절 정도 보관합니다.

12. 미리 찬물에 불려둔 젤라틴을 건져 수분을 제거하고 중탕 또는 전자레인지를 이용해 녹여둡니다.

13. 볼에 실온의 말랑한 크림치즈를 넣고 휘핑기로 부드럽게 크림화합니다.

14. 사워크림을 넣고 섞다가 설탕을 넣고 잘 섞습니다.

15. 라즈베리퓨레를 넣고 잘 섞은 다음, 12번의 녹인 젤라틴을 넣고 섞습니다.

16. 다른 볼에 생크림을 넣고 60%로 휘핑합니다.

17. 15번의 반죽에 휘핑한 생크림을 나눠 넣으며 골고루 섞어 라즈베리 치즈무스를 만듭니다.

18. 11번에서 냉장고에 넣어둔 치즈케이크에 17번의 라즈베리 치즈무스를 평평하게 올린 뒤, 냉장고에 넣어 3시간 이상 굳힌 다음 틀에서 분리하면 라즈베리 치즈케이크가 완성됩니다.

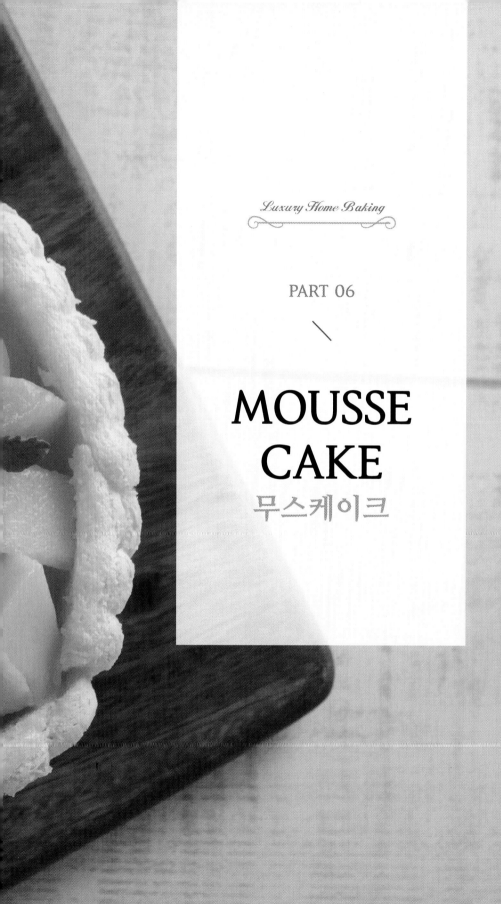

Luxury Home Baking

PART 06

MOUSSE CAKE
무스케이크

EARL GREY CHOCOLAT MOUSSE CAKE

얼그레이 쇼콜라 무스케이크

은은한 향과 풍미가 가득한 얼그레이와 달콤한 초콜릿이 만나 여심을 움직이는 마성의 얼그레이 쇼콜라 무스케이크입니다. 케이크의 고급스러운 맛은 따뜻한 홍차와도, 시원한 아이스커피와도 아주 잘 어울립니다.

🍺 **분량**

2호 무스링(18cm)

📟 **오븐**

190℃ 10분

✏️ **재료**

- **초코 비스퀴**
  달걀흰자 90g, 설탕 75g, 달걀노른자 48g, 박력분 50g, 코코아파우더 10g, 전분 10g, 슈가파우더

- **홍차우유**
  우유 150g, 홍차 10g

- **홍차시럽**
  뜨거운 물 100g, 홍차 2g, 설탕 25g

- **홍차 쇼콜라크림**
  달걀노른자 20g, 설탕 20g, 우유 10g, 홍차우유 45g, 젤라틴 3g, 밀크초콜릿 120g, 생크림 150g

- **홍차 샹티크림**
  홍차우유 55g, 젤라틴 3g, 화이트초콜릿 55g, 생크림 200g

🍮 **미리 준비하기**

- 오븐은 190℃로 예열합니다.

- 짤주머니에 1cm 원형 깍지를 끼워 준비합니다.

- 비스퀴를 구울 유산지 뒷면에 4cm×25cm 직사각형 2개와 지름 15cm, 12cm 원형 2개를 그려둡니다.

- 홍차 쇼콜라크림과 홍차 샹티크림에 들어가는 밀크초콜릿과 화이트초콜릿은 미리 실온에 꺼내두어 실온 상태로 사용하고, 젤라틴은 찬물에 넣어 미리 불려둡니다.

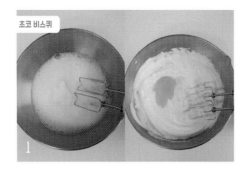

1. 볼에 달걀흰자를 넣고 풀다가 설탕을 세 번에 나눠 넣으며 단단한 머랭을 만든 다음, 달걀노른자를 조금씩 나눠 넣으며 골고루 섞습니다.

2. 박력분과 코코아파우더, 전분을 체에 내려 넣고 날가루가 보이지 않도록 잘 섞습니다.

3. 1cm 원형 깍지를 끼운 짤주머니에 반죽을 넣고 미리 작업해둔 유산지에 직사각형 2개와 원형 2개를 짭니다.

4. 반죽 위에 슈가파우더를 한 번 뿌린 다음 슈가파우더가 녹으면 한 번 더 뿌리고, 190℃로 예열한 오븐에서 10분간 구워 초코 비스퀴를 만들고 식혀둡니다.

5. 냄비에 우유를 붓고 끓이다가 홍차를 넣고 3분간 우려낸 뒤 체에 걸러 홍차우유를 만듭니다.

6. 뜨거운 물에 홍차를 넣어 3분간 우려낸 뒤 설탕을 넣어 녹이고 체에 걸러 홍차시럽을 만듭니다.

How To Make

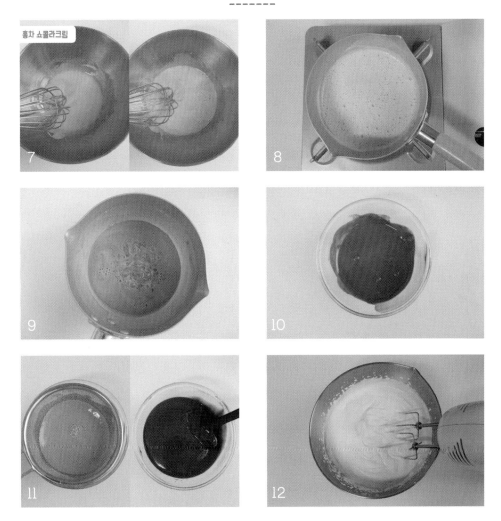

7. 볼에 달걀노른자와 설탕을 넣고 뽀얀 색이 나도록 섞다가, 우유와 홍차우유를 넣고 잘 섞습니다.

8. 냄비에 7번의 달걀노른자 반죽을 넣고 83℃가 될 때까지 저으면서 끓입니다.

9. 미리 찬물에 불려둔 젤라틴을 8번에 넣고 녹입니다.

10. 밀크초콜릿은 중탕을 하거나 전자레인지를 이용하여 따뜻하게 녹입니다.

11. 10번이 밀크초콜릿에 9번의 반죽을 체에 내려 넣고 분리되지 않도록 골고루 섞습니다.

12. 다른 볼에 생크림을 넣고 60%로 휘핑합니다.

How To Make

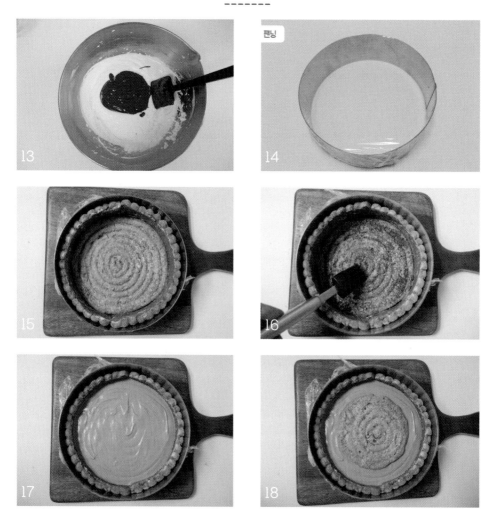

13. 휘핑한 생크림에 11번의 밀크초콜릿 반죽을 붓고 잘 섞어 홍차 쇼콜라크림을 만듭니다.

14. 2호 무스링의 바닥이 될 부분에 랩을 씌웁니다.

15. 4번에서 충분히 식힌 초코 비스퀴를 무스링 작업합니다. 직사각형의 초코 비스퀴를 가장자리에 두르고, 큰 원형 초코 비스퀴는 바닥에 깔아줍니다.

16. 6번의 홍차시럽을 비스퀴에 골고루 바릅니다.

17. 13번의 홍차 쇼콜라크림을 초코 비스퀴 안에 넣어 채우고 윗면을 평평하게 만듭니다.

18. 작은 원형 초코 비스퀴를 홍차 쇼콜라크림의 한가운데에 올리고, 냉장고에 넣어 30분간 굳힙니다.

홍차 샹티크림

얼그레이 쇼콜라 무스케이크

19. 홍차우유를 따뜻하게 데운 다음 미리 찬물에 불려둔 젤라틴을 넣고 녹입니다.

20. 볼에 화이트초콜릿을 넣어 녹인 뒤, 19번의 홍차우유+젤라틴을 체에 내려 넣고 골고루 잘 섞습니다.

21. 다른 볼에 생크림을 넣고 80%로 휘핑합니다.

22. 휘핑한 생크림에 20번의 화이트초콜릿 반죽을 붓고 분리되지 않도록 잘 섞어 홍차 샹티크림을 만듭니다.

23. 18번에서 냉장고에 넣어둔 케이크를 꺼내 초코 비스퀴 위에 6번의 홍차시럽을 바릅니다.

24. 그 위를 22번의 홍차 샹티크림으로 채우고 윗면을 정리한 다음, 냉장고에 넣어 4시간 이상 완전히 굳히면 얼그레이 쇼콜라 무스케이크가 완성됩니다.

MANGO
CHARLOTTE

망고 샤를로트

케이크 모양이 본네트풍의 프랑스 여성 모자인 '샤를로트'와 닮아서 이름 붙여진 케이크입니다. 비스퀴 안을 부드러운 망고무스크림으로 채우고 그 위에 달콤한 생과를 잔뜩 올려 만든 망고 샤를로트는 입은 물론 눈까지 즐겁게 만드는 케이크입니다.

🥛 **분량**

2호 무스링(18cm)

📺 **오븐**

180℃ 10분

🖊 **재료**

- **비스퀴 아라퀴이예르(p.33)**
  달걀흰자 75g, 설탕 60g, 달걀노른자 40g, 바닐라익스트랙 1/2ts, 박력분 50g, 전분 10g, 슈가파우더
- **망고무스크림**
  젤라틴 5g, 달걀노른자 32g, 설탕 50g, 망고퓨레 140g, 생그림 200g
- **데커레이션**
  망고 생과

🍴 **미리 준비하기**

- 오븐은 180℃로 예열합니다.
- 도화지에 6cm×25cm 직사각형 2개와 지름 16cm 원형 1개를 그려둡니다.
- 짤주머니에 1cm 원형 깍지를 끼워 준비합니다.
- 망고무스크림에 들어가는 망고퓨레는 미리 실온에 꺼내두어 실온 상태로 사용합니다.

How To Make

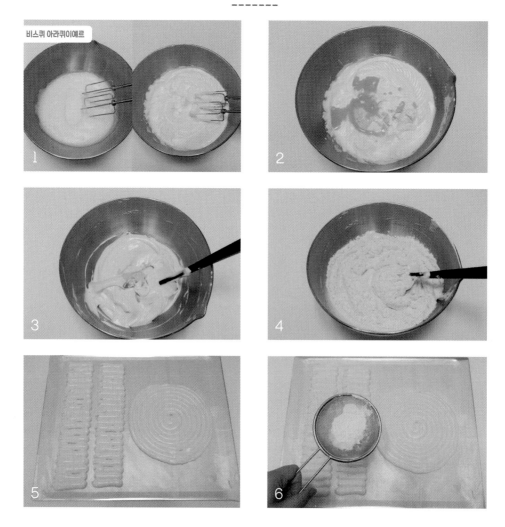

1. 볼에 달걀흰자를 넣고 풀다가 설탕을 세 번에 나눠 넣으며 휘핑하여 단단한 머랭을 만듭니다.

2. 머랭에 달걀노른자를 넣고 머랭이 꺼지지 않도록 주걱을 이용해 살살 섞습니다.

3. 바닐라익스트랙을 넣고 섞습니다.

4. 박력분과 전분을 체에 내려 넣고 날가루가 보이지 않도록 골고루 섞습니다.

5. 미리 그려둔 도화지를 유산지 아래에 깔고 1cm 원형 깍지를 끼운 짤주머니에 4번의 반죽을 넣은 다음 크기에 맞게 반죽을 짭니다.

6. 반죽 위에 슈가파우더를 한 번 뿌린 다음 슈가파우더가 녹으면 한 번 더 뿌리고, 180℃로 예열한 오븐에서 10분간 구워 비스퀴 아라퀴이예르를 만들고 식혀둡니다.

망고무스크림

7. 젤라틴을 미리 찬물에 불려둡니다.

8. 볼에 달걀노른자와 설탕을 넣고 거품기로 휘핑한 다음, 실온의 망고퓨레를 넣고 잘 섞습니다.

9. 8번의 반죽을 냄비에 붓고 83℃가 될 때까지 저으면서 끓입니다.

10. 7번에서 찬물에 불려둔 젤라틴을 넣어 완전히 녹인 다음 식혀둡니다.

11. 다른 볼에 생크림을 넣고 60%로 휘핑합니다.

12. 휘핑한 생크림에 10번의 망고 반죽을 붓고 잘 섞어 망고무스크림을 만듭니다.

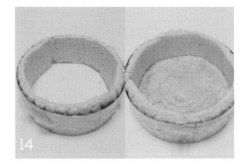

13. 2호 무스링의 바닥이 될 부분에 랩을 씌웁니다.

14. 6번에서 충분히 식힌 비스퀴 아라퀴이예르를 무스링 작업합니다. 직사각형의 비스퀴는 가장자리에 두르고, 원형 비스퀴는 바닥에 깔아줍니다.

15. 비스퀴 안에 12번의 망고무스크림을 채우고 냉장고에 넣어 2시간 이상 굳힙니다.

16. 굳은 망고무스크림 위에 망고 생과를 먹기 좋은 크기로 잘라 얹으면 망고 샤를로트가 완성됩니다.

CHOCO
MOUSSE CAKE

초코 무스케이크

진한 초코 무스케이크를 쁘띠 사이즈로 만들었습니다. 앙증맞은 모양 때문에
한 번 반하고, 부드럽게 녹아드는 진한 초콜릿으로 두 번 반하는 초코 무스케
이크는 선물용으로도 아주 좋습니다.

분량
8cm 원형돔 8개

오븐
190℃ 10분

재료

- **초코 비스퀴**
  아몬드가루 32g, 슈가파우더 32g, 달걀 40g, 달걀
  흰자 48g, 설탕 16g, 박력분 12g, 코코아파우더 6g

- **초코무스**
  달걀노른자 40g, 설탕 15g, 우유 60g, 젤라틴 5g,
  다크초콜릿 160g, 생크림 200g

- **초코 글라사주**
  물 65g, 생크림 55g, 설탕 80g, 젤라틴 4g, 코코
  아파우더 30g

- **데커레이션**
  식용금박

미리 준비하기

- 오븐은 190℃로 예열합니다.

- 초코무스와 초코 글라사주에 들어가는 젤라틴은
  미리 찬물에 넣어 불립니다.

- 오븐 팬(26cm×18cm 미니쿠키 팬)에 유산지 까는
  방법은 16페이지를 참고합니다.

How To Make

1. 볼에 아몬드가루와 슈가파우더, 달걀을 넣고 반죽이 뽀얗게 되도록 휘핑기로 충분히 휘핑합니다.

2. 다른 볼에 달걀흰자를 넣고 설탕을 세 번에 나눠 넣으며 휘핑해 단단한 머랭을 만듭니다.

3. 1번 반죽에 2번의 머랭을 세 번에 나눠 넣으며 섞습니다.

4. 박력분과 코코아파우더를 체에 내려 넣고 날가루가 보이지 않도록 주걱으로 섞습니다.

5. 유산지를 깔아둔 팬에 반죽을 붓고 스패츌러로 고르게 펼친 다음, 190℃로 예열한 오븐에서 10분
   간 구워 초코 비스퀴를 만들고 식혀둡니다.

6. 볼에 달걀노른자와 설탕을 넣어 휘핑하고, 냄비에는 우유를 부은 다음 가장자리가 보글거릴 때까
   지 끓입니다.

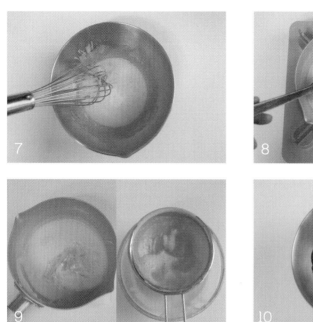

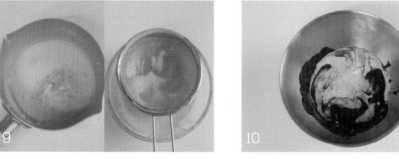

7. 6번의 달걀노른자 반죽에 끓인 우유를 조금씩 나눠 넣으며 섞습니다. 이때 달걀노른자가 익지 않도록 거품기로 휘핑하면서 섞습니다.

8. 다시 반죽을 냄비에 붓고 바닥에 눌어붙지 않도록 저으면서 83℃까지 끓입니다.

9. 반죽이 끓으면 냄비를 불에서 내린 다음, 미리 불린 젤라틴을 넣어 녹입니다. 잘 섞은 반죽은 체에 내려 곱게 거릅니다.

10. 볼에 다크초콜릿을 넣고 중탕으로 녹인 다음, 9번의 반죽을 넣고 골고루 섞습니다.

11. 다른 볼에 생크림을 넣고 60%로 휘핑한 다음, 10번의 반죽에 조금씩 나눠 넣으며 분리되지 않도록 섞어 초코무스를 만듭니다.

12. 5번에서 충분히 식힌 초코 비스퀴를 6cm의 무스링을 사용해 원형으로 자릅니다.

13. 11번의 초코무스를 원형 틀에 80% 정도 채우고 12번에서 원형으로 자른 초코 비스퀴를 올린 다음, 가장자리의 초코무스를 정리해 냉동실에 반나절 이상 넣어 굳힙니다.

14. 냄비에 물과 생크림, 설탕을 넣고 설탕이 녹을 때까지 끓입니다.

15. 설탕이 녹으면 미리 불려둔 젤라틴과 코코아파우더를 넣은 다음, 핸드믹서를 이용해 덩어리지지 않도록 섞습니다.

16. 잘 섞은 반죽을 체에 곱게 내린 다음 35℃까지 식혀 초코 글라사주를 만듭니다.

17. 13번에서 냉동실에 넣어 굳힌 초코무스를 꺼내 틀에서 분리하고 식힘망 위에 올립니다.

18. 굳은 초코무스 위에 16번의 초코 글라사주를 조심스럽게 흘려 코팅한 다음, 식용금박으로 데커레이션하면 초코 무스케이크가 완성됩니다.

GREEN TEA
MOUSSE CAKE

녹차 무스케이크

녹차 베이킹을 사랑하는 분에게 강력 추천하는 녹차 무스케이크입니다. 쌉싸름한 녹차에 달콤한 초콜릿을 곁들여 만들었기 때문에 진한 녹차가 부담스러운 분도 거부감 없이 쉽게 녹차의 매력에 빠질 수 있습니다.

📠 분량
1호 사각 무스링(15cm×15cm)

🔲 오븐
190℃ 10분

🥄 재료

- **초코 비스퀴**
  아몬드가루 75g, 슈가파우더 75g, 달걀 1개, 달걀노른자 50g, 달걀흰자 130g, 설탕 40g, 박력분 30g, 코코아파우더 15g, 버터 10g
- **녹차무스**
  녹차가루 20g, 뜨거운 물 40g, 달걀노른자 40g, 설탕 55g, 우유 180g, 젤라틴 6g, 생크림 180g
- **가나슈크림**
  다크초콜릿 50g, 생크림 40g, 무염버터 10g
- **시럽**
  뜨거운 물 40g, 설탕 20g, 럼주 2g

🎩 미리 준비하기

- 오븐은 190℃로 예열합니다.
- 40cm×30cm 오븐 팬 또는 1/2 빵 팬에 미리 유산지나 테프론시트를 깔아둡니다.
- 초코 비스퀴에 들어가는 버터는 중탕을 하거나 전자레인지를 이용해 녹여서 따뜻하게 준비합니다.
- 녹차무스에 들어가는 젤라틴은 사용하기 20분 전에 찬물에 넣어 불려둡니다.
- 가나슈크림에 들어가는 무염버터는 실온에 1시간 이상 보관하여 말랑한 상태로 준비합니다.

How To Make

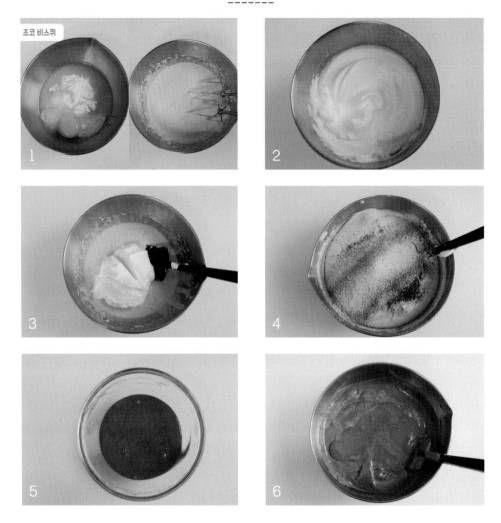

1. 볼에 아몬드가루와 슈가파우더, 달걀과 달걀노른자를 넣고 반죽이 뽀얗게 되도록 휘핑기로 충분히 휘핑합니다.

2. 다른 볼에 달걀흰자를 넣고 설탕을 세 번에 나눠 넣으며 휘핑해 단단한 머랭을 만듭니다.

3. 1번의 반죽에 단단하게 올린 머랭을 세 번에 나눠 넣으며 섞습니다.

4. 박력분과 코코아파우더를 체에 내려 넣고 날가루가 보이지 않도록 섞습니다.

5. 미리 녹여둔 버터에 4번의 반죽을 약간 덜어 넣고 버터와 분리되지 않도록 섞어 희생반죽을 만듭니다.

6. 희생반죽을 본반죽에 다시 붓고 잘 섞습니다.

녹차무스

7. 유산지를 깐 팬에 6번의 반죽을 부어 스패츌러로 고르게 편 다음, 190℃로 예열한 오븐에서 10분
   간 구워 초코 비스퀴를 만들고 식혀둡니다.

8. 작은 볼에 녹차가루와 뜨거운 물을 넣고 잘 섞은 뒤 30분 정도 그대로 둡니다.

9. 볼에 달걀노른자와 설탕을 넣고 섞다가 우유를 넣고 골고루 섞습니다.

10. 9번이 반죽을 냄비에 붓고 83℃가 될 때까지 저으며 끓입니다.

11. 끓은 반죽에 미리 불려둔 젤라틴과 8번의 녹차가루+물을 넣고 잘 섞은 다음 체에 곱게 내립니다.

12. 다른 볼에 생크림을 넣고 60%로 휘핑합니다.

How To Make

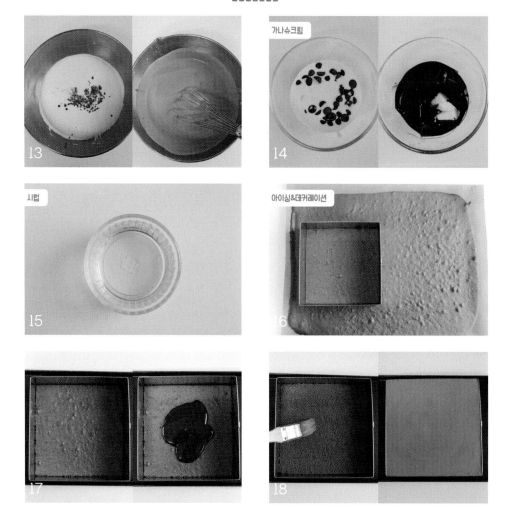

13. 휘핑한 생크림에 11번의 녹차 반죽을 넣고 생크림의 흰색이 보이지 않도록 골고루 섞어 녹차무스를 만듭니다.

14. 볼에 다크초콜릿을 넣고 따뜻하게 데운 생크림을 부어 녹입니다. 다크초콜릿이 완전히 녹으면 무염버터를 넣고 잔열로 녹인 후 식혀 가나슈크림을 만듭니다.

15. 작은 볼에 뜨거운 물과 설탕을 넣어 먼저 녹인 다음 40℃까지 식히고 럼주를 섞어 시럽을 만듭니다.

16. 7번에서 구워 완전히 식힌 초코 비스퀴를 15cm 사각 무스링으로 찍어 무스링과 동일한 크기의 시트 두 장을 만듭니다.

17. 무스링에 자른 초코 비스퀴 한 장을 넣고 15번의 시럽을 바른 뒤, 14번의 가나슈크림을 펴 바릅니다.

18. 가나슈크림 위에 남은 초코 비스퀴를 올리고 시럽을 바른 뒤 13번의 녹차무스를 부어 채운 다음, 냉장고에 넣어 4시간 이상 완전히 굳히면 녹차 무스케이크가 완성됩니다.

BLUEBERRY
MOUSSE CAKE

블루베리 무스케이크

블루베리와 마스카포네치즈를 사용하여 만든 블루베리 무스케이크는 영롱한
색감을 자랑하며 눈으로 먼저 먹는 케이크입니다. 케이크 가득 블루베리 본
연의 맛이 꽉 차있으며 고급스러운 느낌의 케이크입니다.

📐 분량
2호 무스링(18cm)

🍳 재료

- **비스퀴**
  달걀흰자 55g, 설탕 23g, 아몬드가루 40g, 슈가
  파우더 34g, 박력분 7g

- **블루베리즐레**
  냉동블루베리 1컵, 블루베리퓨레 80g, 설탕 70g,
  레몬즙 10g, 젤라틴 4g

- **블루베리 초코무스**
  블루베리퓨레 80g, 설탕 20g, 젤라틴 4g, 화이
  트초콜릿 50g, 생크림 120g

- **마스카포네치즈무스**
  생크림 250g, 바닐라빈페이스트 1/2ts, 설탕A
  15g, 마스카포네치즈 180g, 설탕B 75g, 요거트
  100g, 젤라틴 6g

📺 오븐
180℃ 15분

- **글라사주**
  설탕 150g, 물엿 100g, 물 100g, 젤라틴 14g, 화
  이트초콜릿 100g, 연유 40g, 분홍색 식용색소

👨‍🍳 미리 준비하기

- 오븐은 180℃로 예열합니다.

- 비스퀴에 들어가는 아몬드가루와 슈가파우더, 박
  력분은 체에 내려 준비합니다.

- 블루베리즐레와 블루베리 초코무스, 글라사주에
  들어가는 젤라틴은 20분 전에 찬물에 넣어 불려
  둡니다.

- 마스카포네치즈무스에 들어가는 마스카포네치즈
  와 요거트는 미리 실온에 꺼내두고, 젤라틴은 찬
  물에 넣어 불린 뒤 중탕으로 녹여 준비합니다.

How To Make

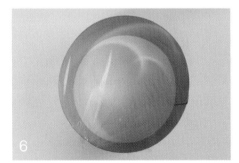

1. 볼에 달걀흰자를 넣고 설탕을 세 번에 나눠 넣으며 휘핑해 단단한 머랭을 만듭니다.

2. 머랭에 미리 체에 내려둔 아몬드가루와 슈가파우더, 박력분을 넣고 머랭이 꺼지지 않도록 주걱으로 반죽을 가르듯이 섞습니다.

3. 1cm 원형 깍지를 끼운 짤주머니에 반죽을 넣고 유산지를 깐 오븐 팬에 16cm 원형으로 짭니다. 그 위에 분량 외의 슈가파우더를 두 번 정도 골고루 뿌리고 180℃로 예열한 오븐에서 15분간 구워 비스퀴를 만든 다음 식혀둡니다.

4. 냄비에 냉동블루베리와 블루베리퓨레, 설탕, 레몬즙을 넣고 설탕이 녹을 때까지 끓입니다.

5. 설탕이 다 녹고, 블루베리가 탄력을 잃어 말랑말랑해지면 냄비를 불에서 내린 다음 미리 불려둔 젤라틴을 넣고 녹여 블루베리즐레를 만듭니다.

6. 완성될 케이크 크기보다 작은 1호 무스링(15cm)을 준비하여 바닥이 될 부분에 랩을 씌웁니다.

7. 1호 무스링에 5번의 블루베리즐레를 넣고 냉동실에 넣어 굳힙니다.

8. 냄비에 블루베리퓨레와 설탕을 넣고 설탕이 녹을 때까지 끓인 뒤, 불린 젤라틴을 넣고 녹입니다.

9. 볼에 화이트초콜릿을 넣어 중탕하거나 전자레인지로 녹인 다음, 8번의 반죽을 넣고 섞어 35℃까지
   식힙니다.

10. 다른 볼에 생크림을 넣고 60%로 휘핑한 다음 9번의 반죽을 넣어 블루베리 초코무스를 만듭니다.
    이때 무스가 잘 섞여 균일한 색이 나도록 합니다.

11. 7번에서 냉동실에 넣어 굳힌 블루베리즐레를 꺼내, 그 위에 10번의 블루베리 초코무스를 부은 다음
    다시 냉동실에 넣어 굳힙니다.

12. 볼에 생크림과 바닐라빈페이스트, 설탕A를 넣고 60%로 휘핑한 다음, 냉장고에 넣어 차갑게 보관
    합니다.

13. 다른 볼에 마스카포네치즈와 설탕B, 요거트를 넣고 거품기로 골고루 섞습니다.

14. 미리 녹여둔 젤라틴을 넣고 잘 섞습니다.

15. 12번에서 냉장고에 넣어둔 생크림을 14번 반죽에 조금씩 나눠 넣으면서 가볍게 섞어 마스카포네
　　치즈무스를 만듭니다.

16. 2호 무스링(18cm)의 바닥이 될 부분에 랩을 씌운 뒤 3번에서 만든 비스퀴를 깔아줍니다.

17. 15번의 마스카포네치즈무스를 짤주머니에 넣고 1/3 정도를 비스퀴 위에 평평하게 짭니다.

18. 11번에서 얼려둔 블루베리즐레+블루베리 초코무스를 마스카포네치즈무스 가운데에 올립니다.

How To Make

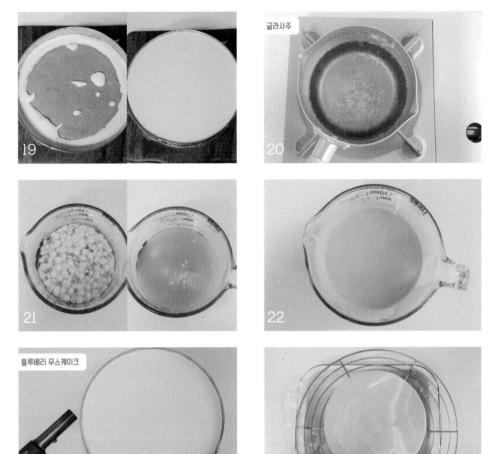

19. 블루베리즐레+블루베리 초코무스의 가장자리부터 꼼꼼하게 마스카포네치즈무스를 채운 다음, 남은 마스카포네치즈무스를 모두 부어 평평하게 만든 뒤 냉동실에 넣어 6시간 이상 굳힙니다.

20. 냄비에 설탕과 물엿, 물을 넣고 끓이다가 미리 불려둔 젤라틴을 넣고 녹입니다.

21. 화이트초콜릿에 20번의 설탕시럽을 부어 초콜릿을 녹인 다음, 연유를 넣고 골고루 섞습니다.

22. 분홍색 식용색소를 약간 넣고 섞은 다음 35℃까지 식혀 글라사주를 만듭니다.

23. 19번에서 얼린 무스케이크를 꺼내 무스링에서 분리합니다. 이때 토치를 사용하여 무스링 가장자리를 녹이면 분리하기 편리합니다.

24. 무스케이크를 식힘망 위에 올리고 22번에서 만든 글라사주를 부으면 블루베리 무스케이크가 완성됩니다.

특별한 레시피를 원하는 홈베이커들을 위한

케이크

초 판 발 행 일	2018년 11월 15일
개정1판1쇄 발행일	2020년 08월 05일
발 행 인	박영일
책 임 편 집	이해욱
저 자	양우미
편 집 진 행	강현아, 박소정
표 지 디 자 인	박수영
편 집 디 자 인	신해니
발 행 처	시대인
공 급 처	(주)시대고시기획
출 판 등 록	제 10-1521호
주 소	서울시 마포구 큰우물로 75 [도화동 538 성지 B/D] 9F
전 화	1600-3600
팩 스	02-701-8823
홈 페 이 지	www.sidaegosi.com
I S B N	979-11-254-7697-9[13590]
정 가	16,000원

특별한 레시피를 원하는 홈베이커들을 위한

럭셔리 홈베이킹 시리즈

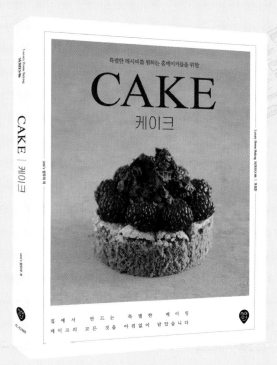

각 분야의 소문난 실력자들만 모았습니다.
전문가들의 특급 노하우와 숨겨진 특별 레시피를 공개합니다.
완벽한 베이킹을 꿈꾸는 홈베이커들을 위한
비밀 베이킹 북, 럭셔리 홈베이킹 시리즈에서 만나보세요.